Korean
Fusion Cuisine

한식의 현대적인 퓨전화 **한식퓨전요리**

최진흔 · 이은미 · 이인숙 · 김용중 · 이은영 · 임미선
김복순 · 김현주 · 박보석 · 배은자 · 송기환 · 송민빈
신금례 · 안현숙 · 양규동 · 오나라 · 오영길 · 왕철주
윤광수 · 윤미자 · 이지현 · 이춘복 · 이현우 · 전미향
정 임 · 조영희 · 조재호 · 차 원 · 한상우 · 홍명희

백산출판사

한식의 퓨전화

한국음식은 우리나라 5천 년 역사와 함께 조상들의 지혜로 다듬어져 내려오면서 오늘날 과학적인 식재료의 궁합과 조리과정의 우수성을 인정받고 있다. 그럼에도 불구하고 일본, 중국, 그리고 제3국의 음식에 비해 상대적으로 세계에서 그 가치를 인정받지 못하는 것이 안타까운 현실이다.

한식의 세계화를 위해 다각적인 방향으로 심도 있는 연구가 진행되고 있지만 아직까지 한식은 조리하기 어렵고 복잡하다는 사고가 지배적인 현실은 세계적인 음식으로의 도약을 추진하는 우리의 노력이 결실을 맺지 못하는 이유이기도 하다.

우리 음식문화를 역사적으로 돌이켜보면 외래문화 즉 다른 나라의 식재료와 조리법 등의 식문화가 유입되면서 자연스럽게 우리 식생활 속에 녹아 우리 음식으로 새롭게 만들어지기도 했다.

한식의 현대적인 퓨전화 즉 우리 음식의 뿌리와 정통성은 살리면서 전통의 유연성과 시대적 감각, 그리고 세계인의 미각을 파악하여 음식의 맛은 물론, 조리를 보다 쉽고 건강하게 만드는 지속적인 노력만이 한식을 세계인이 즐길 수 있는 음식으로 발전시킬 수 있는 길이 될 것이다.

그러기 위해서는 조리법의 단순화는 물론, 맛의 표준화와 다양한 맛을 만들어내야 하는데 그 대안으로 가장 중요한 것은 바로 우리 음식의 복잡한 양념을 다양한 재료와 다양한 맛의 소스로 만드는 것이다.

우리 고유의 전통적인 식문화로 장문화를 들 수 있다. 사계절이 뚜렷한 우리나라는 예로부터 계절마다 생산되는 재료를 이용한 발효기법이 발달되어 집집마다 다양한 발효액으로 음식을 만들어 먹곤 하였다. 뒤늦게 세계가 슬로푸드에 눈을 뜨기 시작해 슬로푸드협회 본부가 이탈리아에 문을 열었다.

이제 우리는 이런 발효액으로 다양한 맛의 건강한 소스를 만들어 누구나 거부감 없이 자기 입맛에 맞는 소스를 찾아 즐길 수 있는 음식으로 접근한다면 세계인들도 우리 음식의 맛에 매료되리라 확신한다.

이를 위해 우리음식문화세계화연구회는 한식의 퓨전화를 위해 적극적인 연구와 노력을 지속적으로 해나갈 것이다.

최진흔 씀

차 례

한 식 퓨 전 요 리

Rice Dish

3 Colors Steamed Rice

3색 라이스요리

1. 바질라이스

재료 : 흰밥 100g

바질페스토소스 : 바질 50g, 올리브유 1/2컵, 잣 30g, 파마산치즈 20g, 소금 1/4작은술, 후춧가루 1/8작은술

방법 : 바질페스토소스 재료를 모두 믹서기에 넣고 갈아준다.

2. 오미자라이스

재료 : 쌀 1컵, 오미자국물 1컵

방법 : 쌀에 오미자국물을 넣고 밥을 지어 오미자밥을 만들어준다.

밥에 바질페스토 섞어주기

3. 치자라이스

재료 : 쌀 1컵, 치자물 1컵

방법 : 쌀에 치자물을 넣고 밥을 지어 치자밥을 만들어준다.

곁들임재료 : 블랙올리브, 그린올리브, 마늘구기자피클, 연근피클, 초석잠피클, 가지절임, 바질잎

링틀의 밥을 틀에서 빼주기

조리방법

1. 흰밥에 바질페스토를 적당량 넣고 섞어준다.
2. 완성 접시에 링틀에 치자밥, 오미자밥, 바질페스토밥을 차례로 넣고 눌러준 다음 링틀에서 빼준다.
3. 곁들이는 피클을 놓고 밥 위에 피클 바질잎 올리브를 올려준다.
4. 바질페스토소스를 곁들여 완성하여 준다.

Boiled Dish with Soy Sauce

Beef Deodeok Roll

쇠고기더덕말이

재 료

쇠고기등심 300g, 더덕 100g, 소금 약간, 녹말가루 약간
쇠고기양념 : 소금 약간, 후춧가루 약간
조림장 : 간장 2큰술, 설탕 1큰술, 물 1큰술, 양파즙 2큰술, 후춧가루 약간, 참기름 약간

조 리 방 법

1. 더덕은 껍질을 벗기고 반으로 갈라 소금물에 절인 뒤 헹궈서 방망이로 자근자근 두들긴다.
2. 쇠고기는 되도록 얇게 슬라이스 한 등심 부위로 준비해서 6cm×8cm의 크기로 잘라 소금 · 후춧가루로 밑간한다.
3. 준비한 쇠고기를 한 장씩 펼치고 녹말가루를 조금 뿌린 뒤 더덕을 한 개씩 올려 말아준다.
4. 팬에 기름을 두르고 살짝 지진다.
5. 조림장을 살짝 끓인 뒤 쇠고기더덕말이한 것을 넣고 조려낸 다음 2cm 길이로 썰어서 접시에 담아낸다.

더덕 밀어 펴기

고기에 더덕 넣고 말기

쇠고기더덕말이한 것 굽기

Steamed Dish

Steamed Sea Bream and Ginkgo

은행을 가미한 도미찜

재 료

도미 1마리, 빨간 파프리카 1/2개, 은행 1/4컵, 실파 3줄
도미재움양념 : 양파즙 2큰술, 생강즙 1/2큰술, 청주 1큰술, 소금 약간, 흰 후춧가루 약간
가리비무스 : 가리비 2개, 달걀 흰자 1개, 생크림 1/4컵, 소금 약간, 흰 후춧가루 약간

조 리 방 법

1. 도미는 비늘을 긁고 내장을 제거하여 양면에 칼집을 넣어 3장 포 뜨기 한다.
2. 도미살은 소금, 흰 후춧가루, 양파즙, 생강즙, 청주에 재운다.
3. 3장 포 뜨기 한 것은 김 오른 찜솥에서 5분간 찐다.
4. 빨간 파프리카는 사방 0.5cm로 썬다.
5. 은행은 파랗게 볶아둔다.
6. 실파는 송송 썬다.
7. 블렌드에 관자, 흰자, 소금, 흰 후춧가루를 넣고 갈아준 다음 생크림을 조금씩 넣으며 갈아준다.
8. 관자무스볼에 빨간 파프리카, 은행, 실파를 넣고 섞는다.
9. 랩을 펼쳐 도미살을 놓고 관자무스를 올린 다음 랩으로 말아준다. (기포 방지를 위해 이쑤시개로 랩에 구멍을 내준다.)
10. 찜통에 젖은 면포를 깔고 8분 정도 찐 다음 식혀서 1cm 두께로 썬다.
11. 접시에 도미머리와 뼈, 꼬리를 잘 살려 담은 뒤 도미를 펼쳐 담는다.

Point

• 도미살이 부서지지 않도록 식힌 뒤에 말아준다.

도미살 3장 포 뜨기

도미살 찜기에 찌기

도미살에 관자무스 올리기

랩에 말아서 모양 잡기

Steamed
Sciaenoid
Fish with
Longan

용안육을 가미한 민어찜

 재 료

민어 1kg, 청주 2큰술, 생강즙 1큰술, 소금 약간, 흰 후춧가루 약간, 근대잎 4장, 빨간 파프리카 1/2개, 노란 파프리카 1/2개, 용안육 20g, 실파 3줄
가리비무스 : 가리비 2개, 달걀 1개, 생크림 2큰술, 소금 약간, 흰 후춧가루 약간

 조 리 방 법

1. 민어는 비늘을 긁고 내장을 제거하여 3장 포 뜨기를 한다.
2. 소금, 흰 후춧가루, 생강즙, 청주에 재워둔다.
3. 3장 포 뜨기 한 것, 민어 머리, 꼬리를 찜솥에 5분간 찐다.
4. 용안육은 물에 불린 뒤 물기를 제거하고 사방 0.5cm로 썬다.
5. 빨강·노랑 파프리카는 각각 0.5cm로 썬다.
6. 실파는 송송 썬다.
7. 근대잎은 끓는 소금물에 살짝 데친 뒤 물기를 거둔다.
8. 블렌드에 무스재료를 넣고 갈아준다.
9. 볼에 가리비무스, 빨강·노랑 파프리카, 용안육, 실파를 넣고 섞는다.
10. 랩을 펼쳐 민어살을 놓고 위에 근대잎, 가리비무스와 혼합한 채소를 올린 다음 랩으로 말아준다. (기포 방지를 위해 이쑤시개로 랩에 구멍을 내준다.)
11. 김 오른 찜통에서 8분 정도 찐다.
12. 식힌 후 1.5cm 두께로 썬다.
13. 접시에 민어 머리와 꼬리의 자리를 잡은 뒤 민어찜을 돌려 담는다.

Point

- 민어살이 부서지지 않도록 식은 뒤에 고명을 올린다.

민어 3장 포 뜨기

민어 포 뜬 살 찌기

민어살 위에 근대잎 관자무스 올리기

랩에 말아서 모양 잡기

홍합해삼말이

재료

해삼 200g, 홍합 200g, 다진 쇠고기 200g, 두부 100g, 달걀 2개, 밀가루 1/2컵, 식용유 약간
양념 : 간장 1작은술, 소금 약간, 다진 파 1큰술, 다진 마늘 1/2큰술, 깨소금 약간, 참기름 약간,
후춧가루 약간

조리방법

1. 해삼은 배를 가르고 속의 내장을 깨끗하게 씻어 끓는 소금물에 살짝 데친 뒤 물
   기를 제거한다.
2. 홍합은 털을 제거하고 옅은 소금물에 씻은 후 끓는 소금물에 살짝 데쳐 물기를
   제거한다.
3. 두부는 면포에 싸서 물기를 꼭 짠 다음 칼로 으깬다.
4. 다진 쇠고기와 으깬 두부를 섞어 양념한 뒤 잘 치대어서 소를 2등분한다.
5. 불린 해삼은 안쪽에 밀가루를 뿌린 후 여분의 밀가루를 털어내고 준비된 소의
   1/2로 소를 채워 넣는다.
6. 랩을 펼쳐 나머지 소를 0.5cm 두께로 네모나게 반대기를 만든 뒤 홍합을 올려
   둥글게 말아준다.
7. 해삼 소박이와 홍합 소박이 각각에 밀가루를 묻혀 모양이 흐트러지지 않게 한다.
8. 김이 오르는 찜통에 넣고 10분간 찐다.
9. 달걀은 황백으로 나누어 홍합 소박이에는 노른자를, 해삼 소박이에는 흰자를 입
   혀 팬에 기름을 두르고 색깔을 살려 지진 다음 식혀서 어슷썬다.
10. 접시에 조화롭게 담아낸다.
11. 겨자초장 혹은 초간장을 곁들여낸다.

해삼 배 가르기

해삼 내장 제거하기

끓는 소금물에 데치기

양송이해물찜

재 료

양송이 300g, 가리비 100g, 새우 100g, 청고추 1/2개, 홍고추 1/2개, 감자전분 약간

양념 : 달걀 흰자 1개, 생크림 3큰술, 된장 1작은술, 소금 약간, 다진 파 1/2큰술, 다진 마늘 1작은술, 생강즙 1/2작은술, 흰 후춧가루 약간, 참기름 약간

양송이해물찜소스 : 해물육수 1컵, 고추장 3큰술, 된장 1작은술, 고운 고춧가루 2작은술, 감 1/2개, 파인애플 슬라이스 1/2개, 사이다 1큰술, 물엿 1큰술, 마요네즈 1큰술, 소주 1/2큰술, 맛술 1/2큰술, 다진 마늘 1작은술, 소금 약간

조 리 방 법

1. 양송이는 기둥을 제거하고 소금, 후춧가루, 참기름으로 뿌려준다.
2. 청 · 홍고추는 사방 0.2cm로 썬다.
3. 블렌드에 반 해동상태의 가리비와 새우를 양념과 같이 갈아준다. (여기에 청 · 홍고추 썬 것을 섞는다.)
4. 양송이에 전분을 약간 바른 후 소를 넣어 채워준다.
5. 김 오른 찜솥에 무스 채운 양송이를 넣고 8분 정도 찐다.
6. 양송이해물찜 소스는 블렌드에 소스 재료를 넣고 섞은 뒤 살짝 끓여준다.
7. 양송이해물찜을 접시에 담고 소스를 얹어준다.

※ 해물육수는 꽃게, 무, 마늘, 대파, 생강을 넣고 끓인 뒤 소금으로 간을 한다.

청 · 홍고추 썰기

양송이에 소 채우기

Squid with Stuffed Longan

용안보혈오적순대

 재 료

오징어 2마리, 쇠고기 100g, 용안육 20g, 두부 100g, 숙주 100g, 표고버섯 2개, 당근 50g, 풋고추 2개, 홍고추 1개, 달걀 1개, 밀가루 약간

소양념 : 소금 1/2작은술, 다진 파 1큰술, 다진 마늘 1/2큰술, 깨소금 약간, 참기름 약간, 후춧가루 약간

 조 리 방 법

1. 오징어는 배를 가르지 말고 다리를 떼어낸 뒤 내장을 빼고 속을 깨끗이 씻어 준비한다.
2. 오징어 다리는 잘게 다진다.
3. 쇠고기는 곱게 다진다.
4. 두부는 물기를 꼭 짜서 곱게 으깬다.
5. 용안육은 잠깐 불린 뒤 물기를 제거하여 곱게 다진다.
6. 숙주는 삶아서 송송 썰어 물기를 꼭 짠다.
7. 표고버섯도 불려서 다진다.
8. 홍고추, 풋고추는 배를 갈라 씨를 빼고 곱게 다진다.
9. 볼에 준비된 속재료를 넣고 양념하여 잘 섞는다.
10. 오징어 몸통 속을 마른행주로 잘 닦아 밀가루를 넣고 흔든 뒤 여분은 털어내고 소를 2/3 정도만 채워 넣고 꼬치를 이용해 입구에 끼워준다.
11. 뜨거운 김이 오르는 찜통에 속을 채운 오징어를 넣고 찐다.
12. 오징어순대는 식혀서 1cm 두께로 썰어서 담아낸다.

오징어 손질하기

쇠고기 다지기

오징어 몸통에 속넣기

오징어 찜솥에 찌기

Galbijjim

갈비찜

 재료

갈비 900g, 양파 1개, 수삼 100g, 무 1/4개, 당근 1/2개, 표고버섯 5개, 밤 5개, 대추 5개, 은행 10개, 달걀 1개

갈비양념장 : 진간장 4큰술, 집간장 1큰술, 설탕 3설탕, 배즙 2큰술, 꿀 1큰술, 다진 파 2큰술, 다진 마늘 1큰술, 생강즙 1큰술, 후춧가루 · 참기름 약간씩

 조리방법

1. 갈비는 기름을 떼어내고 씻어 1시간 정도 물에 담가 핏물을 뺀다.
2. 끓는 물에 손질한 갈비, 양파를 넣고 데쳐낸다. (이때 뚜껑을 열고 데쳐 잡냄새를 날린다.)
3. 데친 갈비는 지저분한 것을 제거하기 위해 한 개씩 씻는다.
4. 갈비 데친 물은 면포에 걸러 육수로 사용한다.
5. 갈비는 양념장에 버무려둔다.
6. 수삼은 깨끗이 씻는다.
7. 무, 당근은 적당한 크기로 썰어 모서리를 다듬어 준비한다.
8. 표고버섯은 4등분하고 밤은 껍질을 까서 준비한다.
9. 은행은 팬에 볶은 후 껍질을 벗기고 달걀은 황 · 백지단으로 부친다.
10. 냄비에 양념에 재운 갈비와 육수를 자작하게 넣고 끓어오르면 무, 표고버섯을 넣고 중간불에서 1시간 30분 정도 뭉근히 끓인다. (무는 물러지면 건져둔다.)
11. 당근, 수삼, 밤, 대추를 넣고 끓이다가 남은 양념장을 넣고 갈비가 물러지도록 익힌다. (당근, 수삼, 밤, 대추가 물러지면 건져둔다.)
12. 갈비가 다 익으면 센 불에서 윤기나게 조린다. (이때 불을 끄고 두면 여열에 의해 갈비가 부드러워진다.)
13. 그릇에 갈비와 국물을 담고 은행, 당근, 밤, 대추, 황 · 백지단을 고명으로 올린다.

Point

- 뼈 위에 바로 살이 붙어 있는 것이 좋은 갈비이다. 뼈 위에 지방이 붙어 있으면 고기도 맛이 없고 모양도 흐트러지기 쉽다.
- 무는 누린내를 흡수하는 동시에 시원하고 달콤한 맛을 낸다.

갈비 핏물 빼기

갈비 데치기

Cabbage Leaf Roll with Lotus Seed and Pork

연자돼지고기배추잎말이

 재료

배추잎 8장, 돼지목살 300g, 연자육씨 50g, 연근 1/2개, 대파 1대, 셀러리 1대, 양파 50g
양념 : 간장 1큰술, 소금 1/2작은술, 설탕 1큰술, 다진 파 1½큰술, 다진 마늘 2/3큰술, 생강즙 1작은술, 후춧가루 약간
간장소스 : 간장 2큰술, 설탕 1큰술, 맛술 1큰술, 양파즙 3큰술, 후춧가루 약간

 조리방법

1. 돼지목살의 기름을 제거하고 곱게 다진다.
2. 양파와 셀러리는 곱게 다져서 팬에 볶는다.
3. 연근은 먹기 좋은 크기로 잘라서 끓는 물에 데친 뒤에 다진다.
4. 연자육씨는 하루 전날에 담가두었다가 껍질을 벗기고 다진다.
5. 배추잎은 끓는 소금물에 데치고 물기를 제거한다.
6. 볼에 돼지목살 다진 것, 양파, 셀러리 볶은 것, 마늘편, 연근, 연자육씨, 양념을 넣고 잘 치댄다.
7. 배추잎에 준비된 소를 잘 펴서 말이한다.
8. 김 오른 찜솥에 10분 정도 쪄서 식힌 뒤 1.5cm 두께로 썬다.
9. 간장소스는 살짝 끓인다.
10. 연자육쌈을 접시에 담고 간장소스를 살짝 끼얹는다.

돼지고기 다지기

양파, 셀러리 볶기

배추잎에 속을 펴서 말기

수삼보계순대

재 료

닭장각 1kg, 수삼 100g, 대추 50g, 두부 1/2모, 피망 1개, 당근 1/3개, 표고버섯 30g
양념 : 소금 2작은술, 다진 파 2큰술, 다진 마늘 1큰술, 생강즙 1큰술, 후춧가루 약간, 참기름 약간, 깨소금 약간

조 리 방 법

1. 닭다리는 깨끗이 손질하여 껍질을 벗겨 살을 발라낸 뒤 곱게 다진다. (이때 닭 껍질이 찢어지지 않게 벗겨내어 순대 껍질로 사용한다.)
2. 피망, 당근, 표고는 0.5cm×0.5cm로 썬다.
3. 인삼은 잔뿌리를 제거하고 깨끗하게 씻어서 준비한다.
4. 대추는 돌려깎기하여 씨를 빼낸다.
5. 수삼에 대추를 말아서 준비한다.
6. 두부는 물기를 제거한 뒤 으깬다.
7. 닭다리살, 피망, 표고, 두부, 양념을 넣고 반죽하여 속을 만든다.
8. 닭다리 껍질 속에 수삼, 대추말이한 것을 중심에 넣고 속을 채운다.
9. 껍질 윗부분을 실로 묶어 찜통에서 10분 정도 찐다.
10. 식힌 뒤 1.5cm 크기로 썬다.
11. 접시에 수삼보계순대를 보기 좋게 담는다.

닭다리살, 피망, 당근, 표고 섞기

닭 껍질에 수삼, 대추 넣기

닭 껍질에 속 채우기

찜솥에 찌기

Ssam

Steamed Rice Bokssam

복쌈

 재 료

찹쌀 50g, 멥쌀 50g, 수수 20g, 차조 20g, 팥 20g, 배추잎 5장, 건대잎 5장, 표고 5장, 김 20장, 들기름 적당량

표고유장 : 간장 1작은술, 설탕 1/2작은술, 참기름 1/2큰술

 조 리 방 법

1. 찹쌀, 멥쌀, 수수, 차조는 깨끗이 씻어 불린다.
2. 팥은 씻어서 물을 부어 끓으면 그 물을 버리고 다시 물을 부어 삶는다.
3. 모두 합하여 소금을 약간 넣고 오곡밥을 짓는다.
4. 건대잎, 배추잎, 실파잎은 끓는 물에 소금을 넣고 데친다.
5. 표고버섯은 유장 처리한 뒤 팬에서 앞뒷면을 살짝 지진다.
6. 김은 들기름을 발라 팬에 바삭하게 구워서 잘게 부수어 놓는다.
7. 오곡밥은 한 김 식힌 뒤 한 수저씩 떠서 부셔놓은 김가루를 묻힌다.
8. 준비한 쌈에 오곡밥을 넣고 알맞은 크기로 복쌈을 싼다.

※ 쌈에 마른 취 또는 들깨잎을 사용할 수도 있다.

근대잎에 오곡밥 싸기

배추잎복쌈에 실파잎 묶기

표고복쌈에 실파잎 묶기

Steamed Pork, Mung Beans and Glutinous Rice with Sesame Leaf

돼지사태와 녹두, 찹쌀을 품은 깻잎(근대)찜

 재 료

돼지고기 250g, 녹두 1/4컵, 찹쌀 1/4컵, 깻잎 8묶음, 쪽파 10줄, 양파 1/4개, 새송이버섯 1개,
홍고추 1개
소양념 : 새우젓 1/2큰술, 다진 마늘 1큰술, 생강술 1큰술, 참기름 2큰술, 후춧가루 약간
국물 : 다시마물 1컵, 새우젓 1/2작은술

 조 리 방 법

1. 녹두와 찹쌀은 3시간 정도 불린다.
2. 깻잎(근대)은 옅은 소금물에 30분 정도 절인 후 체에 밭쳐 물기를 제거한다.
3. 쪽파는 송송 썬다.
4. 새송이, 양파, 홍고추는 곱게 다진다.
5. 볼에 다진 돼지고기사태, 불린 녹두와 찹쌀, 다진 새송이, 양파, 홍고추, 쪽파에
   소양념을 넣고 잘 치댄다.
6. 깻잎(근대) 뒷면이 위를 보게 하고 깻잎 두 장을 꼭지가 서로 마주 보게 하여 겹
   쳐둔다. (근대잎은 1장만 사용한다.)
7. 깻잎(근대) 위에 양념한 것을 한 수저 떠서 올려놓고 감싼다.
8. 밑이 편편한 냄비에 다시마물을 자작하게 붓고 새우젓으로 아주 옅게 간을 한다.
9. 깻잎(근대)쌈 한 것을 냄비에 담는다.
10. 강불에서 끓으면 약불에서 10분간 찐 뒤 불을 끄고 3분 정도 뜸을 들인다.

재료 다지기

깻잎에 속 올리기

근대잎에 속 올리기

찜솥에 찌기

쇠고기당근케일쌈

재료

쇠고기 200g, 케일잎 10장, 당근 1개, 오이 1개, 가지 1개, 양파 1/2개, 소금 약간, 후춧가루 약간, 스위트칠리소스 약간

조리방법

1. 당근은 13cm×0.6cm×0.6cm로 썰어 끓는 물에 설탕과 소금을 넣고 살짝 데친다.
2. 오이는 길이대로 반을 가르고 13cm×0.6cm×0.6cm로 썰어 소금에 살짝 절인다.
3. 가지는 길이대로 반을 가르고 13cm×0.6cm×0.6cm로 썰어 소금, 참기름에 살짝 재운다.
4. 양파는 폭 0.5cm로 채 썬다.
5. 케일은 잎만 떼어 끓는 소금물에 살짝 데친 뒤 물기를 제거한다.
6. 쇠고기는 얇게 저며 약 0.3cm 두께로 평평하게 두드려준 다음 15cm×13cm 정도로 네모나게 반대기를 만들고 소금, 후춧가루로 밑간한다.
7. 저민 쇠고기에 준비된 당근, 오이, 가지, 호박, 양파를 올린 뒤 말아준다.
8. 김이 오른 찜솥에서 5분 정도 찐 뒤 한 김 식힌다.
9. 케일잎 위에 쪄낸 쇠고기채소말이한 것을 올려서 말아준다.
10. 먹기 좋은 크기로 어슷썬다.
11. 접시에 담고 스위트칠리소스를 보기 좋게 뿌린다.

오이 썰기

케일잎에 쇠고기채소말이를 올려 말기

케일쌈 어슷썰기

Beef with Aged Kimchi Roll

쇠고기묵은지말이

재료

쇠고기 100g, 묵은지잎 10장, 케일잎 10장, 당근 1개, 달걀 2개, 소금 약간, 식용유 약간
쇠고기양념장 : 간장 2작은술, 설탕 1작은술, 후춧가루 약간, 참기름 약간

조리방법

1. 당근은 6cm×0.5cm×0.5cm로 채 썬다.
2. 쇠고기는 채 썰어 양념하여 둔다.
3. 달걀은 황백으로 나눈다.
4. 팬에 황·백지단을 구워내고 당근, 쇠고기 순으로 볶는다.
5. 묵은지는 물기를 제거하고 그 위에 케일잎을 깔고 당근, 지단, 쇠고기를 넣어 말아준다.
6. 묵은지말이한 것을 1.5cm 두께로 썰어 접시에 담아낸다.

당근 채 썰기

황·백지단, 쇠고기, 당근 볶기

묵은지에 케일잎, 지단, 쇠고기, 당근 올려 말기

닭가슴살배추말이

 재 료

닭가슴살 1개, 배추잎 10장, 오이 1/2개, 무 1토막, 당근 1개, 대파 1/3대, 생강 1톨, 소금 약간,
흰 후춧가루 약간
겨자소스 : 연겨자 3큰술, 소금 1작은술, 식초 4큰술, 설탕 3큰술, 간장 약간

 조 리 방 법

1. 배추잎을 끓는 소금물에 살짝 데친 후 물기를 뺀다.
2. 오이, 당근, 무는 길이 7cm, 사방 0.5cm로 채 썬다.
3. 닭가슴살은 길이대로 채 썰어 향신채를 넣고 끓는 소금물에 데친 후 소금, 흰
   후춧가루로 간을 한다.
4. 배춧잎을 깔고 속재료를 넣고 말아서 어슷썬다.
5. 접시에 닭가슴살배추말이를 담고 겨자소스를 곁들인다.

무, 오이, 당근 채 썰기

배추잎 데치기

닭가슴살 채 썰기

Japchae Wrapped with Crepes

전병잡채말이

 재 료

쇠고기 100g, 오징어 1마리, 당면 100g, 새우 10마리, 양파 1/2개, 홍피망 1개, 청피망 1개

쇠고기양념 : 간장 2/3큰술, 설탕 1/2큰술, 후춧가루 · 참기름 약간씩

당면유장 : 간장 1큰술, 설탕 2/3큰술, 참기름 약간

삼색 밀전병

흰색 : 밀가루 4큰술, 물 5큰술, 소금 약간

주황색 : 밀가루 4큰술, 당근즙 5큰술, 소금 약간

초록색 : 밀가루 4큰술, 오이즙 5큰술, 소금 약간

 조 리 방 법

1. 쇠고기는 채 썰어 양념한다.
2. 오징어는 껍질을 벗기고 끓는 물에 데친 뒤 가로 5cm 길이로 채 썬다.
3. 깐 새우는 내장을 제거한 뒤 끓는 소금물에 살짝 데친다.
4. 당면은 물에 불려 끓는 물에 삶아서 유장 처리한 뒤 당면을 가지런히 준비한다.
5. 양파, 청피망, 홍피망은 채 썬다.
6. 팬에 기름을 두르고 양파, 피망, 쇠고기 순서로 볶는다.
7. 밀가루에 오이, 당근을 강판에 갈아 즙을 낸 뒤 각각 반죽하고 흰색은 물로 반죽한다. 각각의 밀가루 즙을 체에 내려 초록색, 주황색, 흰색 반죽을 준비한다.
8. 팬에 기름을 바르고 삼색 밀전병을 굽는다.
9. 김발 위에 밀전병을 놓고 3cm 위쪽으로 쇠고기, 당면, 청피망, 홍피망, 오징어, 새우, 양파를 올려 말아서 어슷썬다.
10. 접시에 전병잡채말이를 조화롭게 담는다.

쇠고기 · 채소 채 썰기

당면 유장 처리하기

밀전병 위에 쇠고기, 채소, 오징어, 새우, 당면 올리기

밀전병 말기

Salad & Pickle

Floral Decoration
Salad with Vegetable

채소꽃샐러드

 재 료

오이 1개, 가지 1개, 래디시 3~4뿌리, 그린올리브 5알, 연어알 2큰술, 레몬 1개, 어린잎채소 50g, 파프리카 1/2개
얼음소금물 : 각얼음 10개, 물 3컵, 소금 2큰술
드레싱 : 올리브오일 3큰술, 화이트와인비니거 1큰술, 소금 1/2작은술

 조 리 방 법

1. 오이, 가지는 4등분하여 칼집을 넣고 속을 파내어 꽃모양으로 만들어준다.
2. 오이, 가지는 얼음물에 담가 모양이 펼쳐지게 만든다.
3. 래디시, 그린올리브, 파프리카는 잘게 썰어준다.
4. 레몬은 모양대로 썰어준다.
5. 드레싱은 작은 병에 오일, 식초, 소금을 넣고 흔들어 섞어준다.
6. 펼쳐진 오이, 가지 안쪽에 래디시, 그린올리브 드레싱을 올리고 연어알을 차례로 올려준다.
7. 완성 접시에 레몬을 깔고 그 위에 꽃모양의 오이, 가지를 놓는다.
8. 파프리카와 어린잎채소에 드레싱을 뿌려 샐러드로 곁들인다.

오이꽃 만들기

가지꽃 만들기

가지꽃 속에 래디시, 올리브, 연어알 순으로 오려 담기

Wrapped Spicy Radish

무꽃쌈

재료

무 1/2개, 무순 50g, 맛살 50g, 오이 1/2개, 달걀 2개
소스 : 고추장 1⅓큰술, 꿀 1/2큰술, 설탕 1큰술, 레몬즙 2큰술
단초물 : 물 1컵, 식초 3큰술, 설탕 3큰술, 소금 1큰술

조리방법

1. 무를 얇게 저며 단초물에 절인 뒤 물기를 제거한다.
2. 달걀은 황·백으로 나누어 황·백지단을 부친 뒤 5cm×0.5cm로 썬다.
3. 무순은 찬물에 담가두었다가 물기를 제거한다.
4. 맛살은 5cm×0.5cm로 찢는다.
5. 오이는 5cm×0.5cm로 돌려깎아 채 썬다.
6. 절여진 무에 준비된 재료를 색 맞춰 올려놓고 말아준다.
7. 소스는 분량의 재료로 섞어준다.
8. 접시에 무쌈을 담고 분량대로 섞은 소스를 곁들여낸다.

Point

• 쌈무에 들어가는 재료를 곱게 썬다.

무 얇게 썰기

무 단초물에 담그기

무에 무순, 맛살, 오이, 지단을 넣고 말기

Cold Cabbage Roll with
Crab and Vegetable

게살채소냉채

 재 료

배추잎 10장, 게맛살 2개, 파란 파프리카 1개, 빨간 파프리카 1개, 노란 파프리카 1개, 사과 1/2개
소 스 : 간장 1큰술, 소금 1/2작은술, 식초 2큰술, 레몬 1큰술, 설탕 3큰술, 물 1큰술, 다진 마늘 1/2작은술

 조 리 방 법

1. 배추잎은 끓는 소금물에 데치고 찬물에 헹군 뒤 물기를 제거한다.
2. 게맛살은 2등분한다.
3. 파랑 · 빨강 · 노랑 파프리카, 사과는 사방 0.5cm 길이대로 채 썬다.
4. 배추를 김발 위에 넓게 펴고 준비한 게맛살과 피망, 사과를 넣어 말아준다.
5. 분량의 소스를 만든다.
6. 말이를 1.5cm 폭으로 썬 다음 접시에 담고 소스를 곁들여 준비한다.

빨간 파프리카 채 썰기

배추잎에 게살, 파프리카, 사과 말기

Brochette

Assorted Egg Coated
Brochette

누름적

재 료

쇠고기 100g, 표고 5개, 통도라지 5개, 당근 1/2개, 오이 1/2개, 달걀 1개, 밀가루 약간, 소금 약간, 식용유 약간, 산적꼬치 적당량
양념장 : 간장 2큰술, 설탕 1큰술, 후춧가루 약간, 참기름 약간

조 리 방 법

1. 쇠고기는 길이 7cm, 폭 1cm, 두께 0.5cm로 막대모양으로 썬다.
2. 표고는 기둥을 제거하고 길이 6cm, 폭 1cm로 썬다.
3. 쇠고기, 표고는 양념하여 둔다.
4. 통도라지, 오이, 당근은 길이 6cm, 폭 1cm, 두께 0.6cm의 크기로 썬다.
5. 도라지, 오이는 소금에 살짝 절인다.
6. 도라지, 당근은 끓는 소금물에 데쳐 찬물에 헹군 뒤 물기를 제거한다.
7. 팬에 기름을 두르고 통도라지, 오이, 표고, 쇠고기 순으로 볶아 식힌다.
8. 꼬치에 오이, 표고, 쇠고기, 당근, 도라지 순으로 꿰어 뒷면에 밀가루를 묻힌 후 달걀물을 입혀 앞면부터 지져준다.
9. 식으면 꼬치를 빼서 접시에 담는다.

Point

• 모양이 일정하게 썬다.

채소 썰기

채소 데치기

꼬치에 끼우기

팬에서 굽기

Beef, Abalone, Shrimp Sanjeok

어육산적

전복 2개, 대하 3개, 쇠고기 150g, 오이 1/2개, 향신기름 약간

전복재움양념 : 국간장 1/3작은술, 향신장 1작은술, 향신즙 1작은술, 포도주 1작은술, 참기름 약간

대하재움양념 : 굴소스 1/2큰술, 향신즙 1작은술, 고추기름 1작은술

쇠고기재움양념 : 향신장 1큰술, 향신즙 1작은술, 포도주 1작은술, 참기름 약간

 조 리 방 법

1. 전복은 수저로 껍질에서 떼내어 솔로 이끼를 제거하고 깨끗이 씻는다.
2. 전복에 격자모양으로 잘게 칼집을 넣은 뒤 양 끝부분을 0.5cm 정도로 잘라내고 폭 1.5cm, 길이는 그대로 자른 뒤 전복재움양념을 잘 섞어 재워둔다.
3. 대하는 내장을 제거한 뒤 배 쪽에 꼬치를 살짝 끼워 향신채를 넣고 끓는 소금물에 살짝 데친다. 껍질을 벗겨 2등분한 뒤 대하재움양념을 잘 섞어 재워둔다.
4. 쇠고기는 폭 1.5cm, 두께 0.7cm, 길이는 전복길이에 맞추어 잘라 연육한 다음 쇠고기재움양념을 잘 섞어 재워둔다.
5. 오이는 폭 1.5cm, 두께 0.7cm, 길이는 전복에 맞추어 자른 뒤 소금에 절인다.
6. 달구어진 팬에 향신기름을 두른 뒤 오이를 볶아내고 쇠고기, 전복, 대하를 각각 익힌다.
7. 쇠고기, 오이, 대하, 전복 순서대로 꼬치에 끼운다.
8. 접시에 산적을 담아낸다.

※ 향신장 : 진간장 2컵, 설탕 3큰술, 꿀 2큰술, 물엿 3큰술, 백포도주 3큰술, 마른고추 1개, 통후추 1작은술, 깻잎 2장을 함께 넣고 살짝 끓여서 사용한다.

※ 향신즙 : 무 100g, 배 100g, 마늘 100g, 생강 5g을 주서기에 갈아 즙만 사용한다.

※ 향신기름 : 식용유 2컵, 깻잎 2장, 마늘 5쪽, 생강 1개, 붉은 고추 1개, 대파 1/4개, 양파 1/4개를 약한 불에서 채소가 연한 갈색으로 변할 때까지만 끓여 체에 밭쳐 사용한다.

쇠고기 연육하기

전복 썰기

팬에 쇠고기 익히기

꼬치에 쇠고기, 오이, 대하, 전복 순서로 끼우기

Pan-fried Dish

Pan-fried Yam

산마전

 재 료

마 300g, 당근 1개, 셀러리 1대, 치자가루 1/2작은술, 전분 약간, 식용유 적당량

 조 리 방 법

1. 마는 깨끗이 씻어서 0.8cm 두께로 썬다.
2. 당근, 셀러리는 7cm×0.5cm×0.2cm로 각각 2개씩 썬다.
3. 물에 치자가루를 섞어 치자물을 만든 뒤 마를 담가 치자물을 들인다.
4. 마에 녹말가루를 묻힌다.
5. 팬에 식용유를 두르고 마의 양면을 지진다.
6. 당근, 셀러리는 살짝 볶는다.
7. 접시에 당근, 셀러리 순으로 보기 좋게 놓고 그 위에 마를 올려 담는다.

Point

• 마의 색이 갈변하지 않도록 유의한다.

팬에서 마 지지기

Grilled Dish

Grilled Short Rib Patties with Cheese

떡치즈갈비구이

재료

쇠고기 갈빗살 400g, 가는 가래떡 8개, 스트링치즈 3개, 파마산치즈 120g, 홍고추 1개, 풋고추 1개, 파프리카 1/4개, 오일 1큰술
고기양념 : 간장 3큰술, 설탕 1½큰술, 다진 파 1큰술, 다진 마늘 1큰술, 후춧가루 약간, 깨소금 1작은술, 참기름 1큰술

조 리 방 법

1. 쇠고기 갈빗살은 다진 다음 고기양념하여 30분간 재워준다.
2. 홍고추, 풋고추, 파프리카는 사방 0.3cm로 썰어준다.
3. 스트링치즈도 사방 0.3cm로 썰어준다.
4. 고기에 홍고추, 풋고추, 파프리카, 스트링치즈를 넣고 섞어준다.
5. 떡은 뜨거운 물에 살짝 데쳐준다.
6. 데친 떡의 양끝을 2cm 남기고 양념한 고기로 감싸준다.
7. 파마산치즈는 강판 또는 치즈 그레이트에 갈아 팬에 직경 10cm로 놓고 구워준다.
8. 팬에 오일을 넣고 고기를 굴려가며 구워준다.
9. 완성 접시에 고기를 담고 구운 치즈를 부채꼴로 접어 올린 뒤 다진 홍고추로 장식한다.

홍고추, 풋고추, 파프리카 썰기

데친 떡을 고기로 감싸기

팬에 고기를 굴려가며 굽기

Grilled Beef Short Ribs

십전대보를 가미한 산마떡갈비구이

 재 료

갈빗살 300g, 장마 1개
갈빗살양념 : 소금 1/4작은술, 설탕 1/2큰술, 배즙 1큰술, 양파즙 1큰술, 찹쌀가루 1큰술, 다진
파 1큰술, 다진 마늘 1/2큰술, 참기름 약간, 깨소금 약간, 후춧가루 약간
조림양념장 : 간장 1½큰술, 십전대보탕 4큰술, 설탕 1큰술, 꿀 1큰술, 정종 1큰술
고명 : 홍고추 1개, 실파 1줄

 조 리 방 법

1. 갈빗살은 칼로 곱게 다진다.
2. 갈빗살에 배즙, 양파즙, 찹쌀가루, 다진 파, 다진 마늘, 소금, 참기름, 깨소금,
   후춧가루를 넣고 섞어 차지게 치댄다.
3. 마는 껍질을 벗기고 7cm 길이로 자른 뒤 길이로 2등분한다.
4. 끓는 소금물에 데친 다음 물기를 제거한다.
5. 고기와 붙이기 위해 마에 찹쌀가루를 살짝 묻혀 치대어둔 갈빗살을 붙인다.
6. 팬을 달군 뒤 떡갈비 양면에 색을 낸다.
7. 팬에서 양념장을 한 번 끓인 뒤 떡갈비를 넣고 양념장을 끼얹으며 약한 불에서
   은근히 속까지 익힌다.
8. 접시에 떡갈비를 담고 홍고추와 실파를 고명으로 올린다.
※ 십전대보10종 : 물 1L에 인삼, 백봉령, 백출, 구감초, 숙지황, 당귀, 백작약, 천궁, 육
   계, 황기를 넣고 1시간 정도 우려낸 뒤 은근히 달인다.

Point

• 갈빗살이 부서지지 않도록
  반죽을 차지게 치대어준다.

갈빗살 다지기

산마 손질하기

산마 데치기

조림양념장에 조리기

Grilled Marinade Slice Beef

사삼을 가미한 너비아니구이

재 료

쇠고기 300g, 사삼 8개, 소금 약간
양념장 : 간장 3큰술, 설탕 1½큰술, 배즙 1큰술, 다진 파 1큰술, 다진 마늘 1/2큰술, 참기름 약
간, 후춧가루 약간, 깨소금 약간

조 리 방 법

1. 쇠고기에 잔칼집을 넣어 연하게 만든다.
2. 사삼은 깨끗이 씻는다.
3. 쇠고기와 사삼을 양념장에 주물러 재운 다음 고기에 사삼을 놓고 돌돌 말아서
   준비한다.
4. 뜨겁게 달군 팬에서 양면을 골고루 익힌다.

Point
• 숯불에 석쇠를 얹어서 구우면 더욱 맛있다.

쇠고기 연육하기

쇠고기 더덕양념에 재우기

팬에 굽기

Grilled Pork Tenderloin
with Black and White
Sesame

검은깨와 흰깨를 가미한 찹쌀안심구이

재 료

돼지고기 안심 500g, 찹쌀가루 2컵, 참깨 3큰술, 검은깨 1큰술, 깻잎 2묶음, 상추 20장, 포도씨유 적당량
돼지고기양념 : 간장 1큰술, 소금 1작은술, 청주 1/2큰술, 다진 마늘 1큰술, 생강즙 1큰술
채소양념 : 간장 2큰술, 고춧가루 1작은술, 다진 마늘 약간, 깨소금 약간, 참기름 약간

조 리 방 법

1. 돼지고기 안심은 동그란 모양 그대로 0.5cm 두께로 썰어 칼등으로 자근자근 두드려 고기를 연육한다.
2. 돼지고기 안심에 양념해서 밑간해 둔다.
3. 양념한 돼지고기에 찹쌀가루와 참깨, 검은깨 섞은 것을 묻힌다.
4. 찹쌀가루를 묽게 반죽하여 앞뒤로 넉넉하게 옷을 입힌다.
5. 팬에 포도씨유를 두르고 옷을 입힌 돼지고기 안심을 한 장씩 놓고 노릇하게 굽는다.
6. 깻잎과 상추는 깨끗하게 씻어 굵게 채 썰어 채소양념에 무친다.
7. 접시에 돼지고기 안심구이를 돌려 담고 가운데 채소무침을 소복하게 담아 준비한다.

찹쌀가루 반죽하기

돼지고기에 찹쌀가루, 흰깨, 검은깨 묻히기

돼지고기에 찹쌀가루 입혀 굽기

Kimchi Steak

김치스테이크

재료

스테이크용 고기 500g, 김치잎 2장, 모차렐라치즈 100g, 당근 1개, 간장 1/2큰술, 설탕 1큰술,
식초 1큰술, 소금 약간, 식용유 적당량
쇠고기 마리네이드 : 월계수잎 1장, 레드와인 1/2컵, 건고추 1개, 후춧가루 약간
가니쉬 : 당근 1/2개, 마늘 5개, 풋고추 1개, 바질잎 약간
후춧가루소스 : 후춧가루 60g, 토마토 1/4개, 양파 1/4개, 코냑 1큰술, 생크림 1큰술, 버터 30g,
퐁드보소스 1컵, 전분 약간, 소금 약간

조리방법

1. 스테이크 고기는 키친타월을 이용해 핏물을 제거하고 레드와인, 건고추, 월계수
   잎을 넣어서 1~2시간 정도 숙성시킨다.
2. 김치는 씻어서 채 썬다.
3. 팬에 기름을 두르고 김치에 간장, 설탕을 넣고 볶는다.
4. 당근은 모서리를 정리하여 타원으로 모양내서 2등분한 뒤 옅은 단초물에 삶는다.
5. 마늘은 끓는 물에 삶은 뒤 기름에 볶는다.
6. 팬을 달구어 고기의 양옆을 갈색나게 굽고 뚜껑을 덮고 중불에서 1분 정도 익힌다.
7. 후춧가루소스는 분량의 재료를 넣고 끓여서 사용한다.
8. 접시에 김치, 스테이크, 치즈를 올리고 가니쉬를 올려서 연출한다.

스테이크 굽기

김치 위에 스테이크 올리기

모차렐라치즈 올리기

Pork Tenderloin Steak with Paste Sauce

두릅을 넣은 돼지안심스테이크와 고추장소스

 재 료

돼지안심 500g, 두릅 150g, 양파 1/2개, 바질 1/2작은술, 로즈메리 1/2작은술, 올리브오일 약간, 소금 약간, 후춧가루 약간, 면 실 적당량
고추장소스 : 양파 1/2개, 당근 1/2개, 안심 자투리 약간, 레드와인 1/3컵, 육수 2/3컵, 고추장 1작은술, 생크림 1/4컵, 부케가르니
가니쉬 : 새송이 1개, 애호박 1/4개, 빨간 파프리카 1/2개, 가지 1/2개, 아스파라거스 4개, 올리브오일 2큰술, 소금 약간, 후춧가루 약간

 조 리 방 법

1. 돼지 안심은 힘줄과 막을 제거한 뒤 허브를 골고루 발라 2~3시간 정도 냉장고에 둔다.
2. 굽기 직전 실온에서 30분 정도 미리 꺼내어 고기 온도를 차갑지 않게 한다.
3. 안심을 포를 떠서 넓게 펼친다.
4. 소금, 후춧가루로 간을 한다.
5. 양파 1/2개는 곱게 채 썰어 팬에 올리브오일을 두르고 나른하게 볶은 후 소금, 후춧가루를 넣는다.
6. 소스용 양파 1/2개와 당근은 주사위 모양으로 썬다.
7. 두릅은 깨끗이 씻어 팬에 올리브오일을 두르고 살짝 볶은 후 소금, 후춧가루로 간하고 펼쳐 식힌다.
8. 펼쳐진 돼지고기 안심에 양파 볶은 것을 놓고, 두릅 볶은 것도 올려 담는다. 잘 말아서 면 실로 묶어 고기형태를 잘 고정시킨다.
9. 달군 팬에 오일을 두르고 고기 표면을 진한 갈색이 나게 굽는다. 팬 주변에 소스용 안심 자투리, 당근, 양파를 넣는다.
10. 예열된 오븐(200℃)에 10~12분간 굽는다. (고기심부 온도가 71℃이면 먹을 수 있다.)
11. 익은 고기는 호일에 싸서 10분간 휴지시킨다. (이때 생긴 육즙은 소스를 만들 때 사용)
12. 고기를 1cm 두께로 썬다.
13. 완성 접시에 고기와 채소를 함께 담고 고추장소스를 뿌려준다.

- **고추장소스**
  ① 고기를 덜어낸 팬에 부케가르니, 와인을 넣고 알맞게 조려준다.
  ② 여기에 육수를 넣고 조린다.
  ③ 고추장을 잘 풀어준다.
  ④ 생크림을 넣고 끓인다.
  ⑤ 체에 밭친 뒤 꾹꾹 눌러 즙을 짜낸다. (휴지시키면서 생긴 육즙을 더한다.)
  ⑥ 팬에 데우면서 소금, 후춧가루로 간을 한다.

- **가니쉬**
  ① 아스파라거스 밑둥이 단단한 부분을 잘라내고 2등분 한다.
  ② 새송이, 애호박, 빨간 파프리카는 폭 1cm, 길이 7cm 정도로 자른다.
  ③ 가지는 길이대로 사용하고, 폭 1cm, 두께 0.5cm로 자른다.
  ④ 팬에 올리브오일을 두르고, 새송이, 가지, 애호박, 아스파라거스, 빨간 파프리카 순으로 소금, 후춧가루를 넣고 볶는다.
  ⑤ 가운데 애호박·아스파라거스를, 양쪽에 새송이·빨간 파프리카를 각각 놓고 가지로 말아준다.

돼지고기 안심을 펼쳐서 허브로 마리네이드하기

안심에 양파, 두릅 올려서 말기

안심 자투리, 양파, 당근을 넣고 오븐에서 고기 익히기

와인 넣고 조리기

바질페스토소스 돼지고기양념구이

 재 료

돼지고기 목살 다진 것 400g, 바질페스토 5큰술

바질페스토소스 재료 : 바질 50g, 올리브유 1/2컵, 잣 30g, 파마산치즈 20g, 소금 1/4작은술,
후춧가루 1/8작은술

된장양념 : 된장(체에 내린 것) 1½큰술, 간장 1작은술, 설탕 1큰술, 매실청 1큰술, 맛술 1큰술,
다진 마늘 1작은술, 생강 1/2작은술, 참기름 1큰술

곁들임재료 : 바질잎, 바질페스토, 잣, 래디시, 그린올리브, 레몬

 조 리 방 법

1. 된장양념의 모든 재료를 섞어 된장양념을 만들어준다.
2. 돼지고기에 된장양념을 넣어 섞은 다음 30분간 재워둔다.
3. 재운 고기는 3등분하여 타원형으로 동글납작하게 모양내어 만들어준다.
4. 그릴 팬에 열을 올려 구워준다.
5. 구운 고기에 바질페스토를 올리고 바질잎, 잣, 래디시, 그린올리브로 장식한 뒤
   레몬을 곁들여 완성한다.

※ 바질페스토소스는 재료를 모두 믹서기에 넣고 갈아준다.

고기에 된장양념 넣어 동글납
작하게 만들기

그릴 팬에 구워주기

바질페스토소스와 곁들임재료
올리기

Broiled Eel with
Marinated Herba

함초양념을 가미한 장어구이

재료

장어 2마리, 표고 2장, 호두 30g, 실파 3줄
가리비무스 : 가리비 2개, 달걀 흰자 1개, 생크림 1/4컵, 소금 약간, 흰 후춧가루 약간
장어소스 : 장어육수 1/2컵, 함초엑기스 1/4컵, 간장 1큰술, 고추장 2큰술, 맛술 1/2컵, 정종 1/2
컵, 사과즙 1/4컵, 흑설탕 50g, 물엿 1/4컵, 마늘즙 1큰술, 생강즙 1큰술

조리방법

1. 장어는 손질하여 핏기를 닦는다.
2. 냄비에 장어뼈와 머리를 담고 물을 부어 중간불에서 은근히 끓여 장어 육수를
   만든다.
3. 장어소스는 끓인 육수에 함초엑기스와 분량의 재료를 넣고 1컵이 되게 걸쭉하
   게 조린다.
4. 표고는 불려서 사방 0.5cm로 썬다.
5. 호두는 뜨거운 물에 불려서 속껍질을 벗기고 분량의 절반은 모양대로 사용하고
   나머지는 0.5cm로 썬다.
6. 실파는 송송 썬다.
7. 달군 석쇠에 장어살을 올리고 장어소스를 발라가며 아래위로 굽는다.
8. 랩을 펼쳐 구운 장어 1마리를 놓고 그 위에 가리비무스와 채소 섞은 것을 올리
   고 다른 장어 1마리를 덮은 다음 랩으로 말아준다. (기포 방지를 위해 이쑤시개
   로 랩에 구멍을 낸다.)
9. 끓는 찜솥에서 8분 정도 찐 후 1.5cm 폭으로 썬다.
10. 접시에 장어를 가지런히 펼쳐 담는다.

Point

• 장어뼈와 머리는 버리지 말
  고 육수로 이용한다.

장어에 소스 바르기

구운 장어 위에 무스 올리기

랩으로 말아서 모양 잡기

Grilled Toothfish with
Soybean Paste

메로된장구이

 재 료

메로 2토막, 오렌지 1개, 실파 1줄기, 레몬 1/2개, 소금 1/3작은술, 후춧가루 1/8작은술, 식초 1큰술

된장양념 : 미소된장 1½큰술, 설탕 1큰술, 매실청 1큰술, 맛술 1큰술, 다진 마늘 1작은술, 오렌지필 1큰술

 조 리 방 법

1. 메로에 소금, 후춧가루를 뿌려 10분 정도 재워준다.
2. 오렌지는 식초물에 깨끗이 닦은 뒤 반은 껍질을 얇게 벗겨 잘게 채 썬 다음 끓는 물에 살짝 데치고 나머지 반은 껍질을 강판 또는 필러로 벗겨 오렌지필을 만든다.
3. 된장양념은 분량의 재료를 넣고 섞어준다.
4. 메로에 된장양념을 붓으로 발라 예열된 그릴에 8~10분간 구운 다음 된장양념을 한 번 더 발라준다.
5. 레몬은 잘라서 모양을 만들어준다.
6. 완성 접시에 메로를 담고 채 썬 오렌지를 올린 뒤 레몬을 곁들여 실파로 장식한다.

오렌지 껍질을 얇게 벗겨 잘게 채 썰기

된장양념에 분량의 재료를 섞기

메로에 된장양념을 붓으로 바르기

대하소금구이

재 료

대하 4마리, 생강즙 1/2큰술, 청주 1큰술, 소금 약간, 흰 후춧가루 약간
고명 : 달걀 1개, 청고추 1개, 홍고추 1개

조 리 방 법

1. 대하는 소금물에 씻어 칼로 대하의 등쪽에 새우 길이대로 칼집을 넣어 편편하게
   펴놓고 배 쪽에 꼬치를 꽂아 모양을 고정시킨다.
2. 새우에 소금으로 간을 하고, 흰 후춧가루, 청주, 생강즙을 뿌린다.
3. 팬에 소금을 깔고 대하를 올려 굽는다.
4. 달걀은 황, 백으로 나누어 지단을 부친 뒤 3cm 길이로 채 썬다.
5. 청 · 홍고추는 씨를 빼고 3cm 길이로 채 썰어 식용유에 살짝 볶는다.
6. 대하구이에 황 · 백 지단, 청 · 홍고추를 고명으로 올린다.
7. 접시에 소금을 깔고 대하를 담는다.

Point

- 대하의 내장은 반드시 제거
  한다.

대하 등 펼치기

고명 준비하기

대하 소금에서 굽기

패주쌈장구이

 재 료

패주 6개, 레몬 1개, 쌈장 2큰술, 바질페스토 2큰술, 잣 1큰술, 소금 약간, 흰 후춧가루 약간,
청주 2큰술, 샐러드채소 및 어린잎채소 50g, 무순 10g, 포도씨오일 1큰술

 조 리 방 법

1. 패주에 소금, 후춧가루를 뿌려 5분 정도 둔다.
2. 레몬은 깨끗하게 닦아 모양대로 둥글게 썰어준다.
3. 달군 그릴 팬에 포도씨오일을 두르고 패주를 올린 뒤 청주를 뿌려 구워준다.
4. 패주가 반 정도 익으면 뒤집개로 뒤집어 패주를 눌러준다.
5. 구워진 패주에 다시 한 번 더 청주를 뿌려준다.
6. 완성 그릇에 샐러드채소, 어린잎채소, 레몬, 패주 순으로 놓고 패주 위에 쌈
   장 또는 바질페스토소스를 올려놓은 뒤 어린잎채소와 무순으로 장식하여 완
   성한다.

패주에 소금, 흰 후춧가루 뿌
리기

달군 그릴에 패주 올리고 청주
뿌리기

한쪽 면이 구워지면 뒤집어 뒤
집개로 패주 누르기

구워진 패주에 다시 한 번 더
청주 뿌리기

Boiled Octopus Horong
with Milk Vetch Root

황기를 가미한 낙지호롱

 재료

세발낙지 3마리, 마늘 3개, 실파 3줄, 청고추 1개, 홍고추 1개, 참기름 적당량
낙지양념장 : 고추장 5큰술, 고춧가루 2큰술, 설탕 2큰술, 꿀 1큰술, 황기 달인 물 2큰술, 맛술
1/2큰술, 생강즙 2작은술, 후춧가루 약간, 참기름 약간, 깨소금 약간

 조 리 방 법

1. 낙지는 밀가루에 주물러 깨끗이 씻는다.
2. 낙지 머릿속에 나무젓가락을 끼운 후 다리를 나선형으로 돌돌 감아 내려온다.
3. 낙지에 참기름을 발라 초벌구이를 한다.
4. 양념장을 준비하여 낙지에 발라 다시 굽는다.
5. 실파잎을 10cm 길이로 자른다.
6. 접시에 실파잎을 깔고 낙지호롱을 담는다.
7. 마늘은 편으로 얇게 썰고 청·홍고추는 송송 썰어 낙지호롱 위에 올린다.
※ 황기 30g에 물 2컵을 넣고 한 시간 정도 우린 뒤 은근하게 달인다.

 Point

- 낙지는 세발낙지를 이용한다.

낙지를 나무젓가락에 말기

양념장 만들기

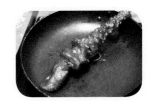

양념장 발라 굽기

알감자베이컨꼬치구이

재 료

알감자 200g, 베이컨 100g, 꽈리고추 50g, 통마늘 50g
양념장 : 간장 3큰술, 설탕 1½큰술, 고운 고춧가루 1작은술, 다진 마늘 1작은술, 맛술 2큰술,
참기름 약간, 깨소금 약간

조 리 방 법

1. 알감자에 소금을 조금 넣고 찜통에 쪄서 껍질을 벗긴 다음 팬을 달구어 기름을
   두르고 노릇하게 색을 낸다.
2. 베이컨은 팬에 구운 뒤 기름을 뺀다.
3. 팬에 기름을 두르고 꽈리고추, 마늘을 볶는다.
4. 꼬치에 꽈리고추, 베이컨, 감자, 통마늘 순으로 끼운다.
5. 팬에 양념을 넣고 끓인다.
6. 접시에 꼬치를 담고 양념장을 살짝 뿌려준다.

달군 팬에 알감자를 노릇하게
색내기

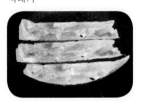

베이컨 굽기

꼬치에 꽈리고추, 베이컨, 알
감자, 마늘 순으로 끼우기

자연송이버섯구이

 재 료

자연송이 3송이, 다진 쇠고기 양념한 것 100g, 감자전분 1/2큰술, 솔잎 50g, 식용유 1큰술
곁들임재료 : 장뇌삼 1뿌리, 마늘구기자피클 30g

잣소금 : 천일염(5년 이상 묵은 것) 1작은술을 분쇄기나 맷돌에 갈아준다.
잣 1큰술을 다지거나 그레이트에 갈아준다.
2가지를 잘 섞어 잣소금을 만들어준다.

맛간장 : 간장 6큰술, 매실효소 4큰술, 정종 4큰술, 설탕 1큰술, 고추씨 1작은술, 다시물 6큰술

 조 리 방 법

1. 자연송이버섯 1송이를 모양대로 2~3조각으로 잘라준다.
2. 버섯에 감자전분을 바른 후 쇠고기를 올려 펴준다.
3. 석쇠에 굽거나 팬에 식용유를 둘러 고기 면부터 익힌 다음 버섯 쪽을 살짝 익혀
   준다.
4. 완성 접시에 솔잎을 깔고 그 위에 구운 자연송이버섯을 놓고 맛간장과 잣소금,
   장뇌삼, 마늘구기자피클을 곁들여 완성한다.
※ 맛간장은 냄비에 모두 넣고 끓여 1/3로 조려서 사용한다.

버섯 자르기

버섯에 고기 붙이기

자연송이버섯 그릴에 굽기

불고기

 재 료

쇠고기 600g, 양파 1개, 당근 1/4개, 대파 1대, 실고추 약간
양념장 : 진간장 5큰술, 황설탕 2큰술, 꿀 1큰술, 사과즙 1큰술, 배즙 1큰술, 양파즙 1큰술, 다진 마늘 2큰술, 깨소금 약간, 참기름 약간, 후춧가루 약간

 조 리 방 법

1. 쇠고기는 불고기감으로 준비하여 사방 5cm 정도의 크기로 썬다.
2. 양파, 당근은 0.3cm로 굵게 채 썬다.
3. 대파는 어슷썬다.
4. 쇠고기는 양념장에 30분 정도 재워둔 뒤 양파, 당근, 대파를 넣고 섞는다.
5. 달걀은 황백으로 분리한 후 지단을 부친다.
6. 팬에 기름을 약간 두르고 양념에 재워둔 고기를 볶는다. 부족한 간은 약간의 소금을 넣어 마무리한다.
7. 오목한 그릇에 담고 황·백지단, 실고추를 고명으로 올린다.

쇠고기 양념에 재우기

대파 어슷썰기

당근 채 썰기

팬에 고기 볶기

Spicy Stir-fried Squid and Pork Bulgogi

오삼불고기

재료

삼겹살 300g, 오징어 2마리, 양파 1/2개, 당근 1/4개, 홍고추 1개, 풋고추 1개, 대파 1대, 팽이버섯 약간

향신채 : 대파 1대, 마늘 5개, 생강 2개, 통후춧가루 1/2큰술

양념장 : 고추장 1/2컵, 간장 1큰술, 고춧가루 2큰술, 꿀 1큰술, 설탕 2큰술, 다진 파 2큰술, 다진 마늘 1큰술, 생강즙 1/2큰술, 후춧가루 약간, 참기름 약간, 깨소금 약간

조리방법

1. 오징어의 몸통부분을 준비해서 밀가루로 씻어 잡냄새를 없앤다.
2. 가로세로 0.5cm 간격의 격자모양으로 칼집을 넣어 폭 1.5cm, 길이 4cm로 썬다.
3. 삼겹살은 두께 0.5cm, 길이 5cm로 썬다.
4. 물에 향신채를 넣고 끓인 뒤 소금을 넣고 오징어와 삼겹살을 살짝 데친다.
5. 양파는 1cm 폭으로 채 썰고 당근은 굵게 채 썬다. 고추는 어슷썰어 씨를 제거한다.
6. 볼에 삼겹살, 오징어, 양파, 당근, 대파를 각각 적당량의 양념장을 넣고 버무린다.
7. 팬에 기름을 두르고 양념한 삼겹살을 볶다가 양념한 오징어, 당근, 양파, 대파를 넣고 재빨리 볶는다.
8. 마지막에 참기름으로 향을 낸다.
9. 접시에 담고 통깨를 뿌린 뒤 팽이버섯을 올린다.

※ 오징어를 데칠 때 끓는 물에 소금을 넣으면 물의 온도가 100도 이상 끓게 되어 오징어를 더 높은 온도에서 데칠 수 있어 식감을 좋게 한다.

※ 오징어는 몸통 안쪽에 칼집을 넣고 갑오징어는 껍질 쪽에 칼집을 넣는다.

삼겹살 썰기

오징어 칼집 넣기

오징어 · 삼겹살 양념하기

오징어 · 삼겹살 볶기

Pyeonyuk

Steamed Pork Slice
with Kimchi

돼지고기보쌈

 재 료

통삼겹 600g, 수삼 5개, 대추 30개, 마늘 50g, 생강 50g, 파 1대, 통후추 1큰술, 홍고추 1개, 풋고추 1개, 겉절이배추 1/4포기, 무 50g, 배 1/4개, 밤 8개, 낙지 100g, 굴 100g, 소금 적당량
겉절이양념 : 고춧가루 4큰술, 새우젓 2큰술, 참치액젓 1/2큰술, 설탕 1큰술, 다진 파 1큰술, 다진 마늘 1/2큰술, 생강즙 1/2큰술

 조 리 방 법

1. 냄비에 삼겹살이 잠길 정도의 물을 붓고 대파, 생강, 통후추를 넣고 삶는다.
2. 대추는 돌려 깐 뒤 씨를 제거한다.
3. 수삼에 대추를 감싼다.
4. 삶은 삼겹살에 칼집을 넣고 수삼에 대추말이한 것을 끼운 다음 돼지고기를 랩으로 감싸 모양이 나게 식힌다.
5. 배추는 소금을 뿌려 절인 다음 깨끗이 씻어 물기를 뺀다.
6. 배, 밤, 무는 가늘게 채 썬다.
7. 낙지, 굴은 소금물에 씻어 물기를 뺀다.
8. 낙지는 3cm 길이로 썬다.
9. 배, 밤, 무, 낙지, 굴을 양념하여 절인 배추잎에 싼다.
10. 삼겹살이 식으면 비닐랩을 벗기고 얇게 썬다.
11. 풋고추는 어슷썰고 홍고추는 채 썬다.
12. 접시에 삼겹살을 담고 절인 배추 속대와 홍고추, 풋고추로 장식한다.
※ 겉절이를 접시에 담아 삼겹살과 함께 내기도 한다.

 Point

• 돼지고기를 삶을 때 갈라지지 않도록 유의한다.

삼겹살을 향신채에 삶기

랩에 말아 모양 잡기

소엽맥문동편육

 재료

편육 300g, 은행 1/2컵, 대추 10개, 실파 10줄, 청고추 1개, 홍고추 1개, 마늘 5개,
소엽맥문동 10g
초젓국 : 새우젓 2큰술, 소엽맥문동 달인 물 3큰술, 다진 파 1작은술, 다진 마늘 1/2작은술

 조리방법

1. 편육은 시판용으로 준비한다.
2. 은행은 팬에 기름을 두르고 볶다가 소금을 약간 넣고 파랗게 볶아 껍질을 벗긴다.
3. 대추는 돌려 깐 뒤 씨를 제거한다.
4. 도마 위에 랩을 깔고 편육을 놓고 그 위에 은행, 대추, 실파를 가지런히 올린 다음
   랩으로 탱탱하게 말아 모양을 잡는다.
5. 모양이 굳은 편육을 얇게 저며 썰어 접시에 담고 청·홍고추, 마늘을 곁들인다.
6. 새우젓에 양념을 넣어 초젓국을 만들어 그릇에 담아 준비한다.
※ 소엽맥문동은 물 3C에 1시간 정도 우려낸 뒤 은근히 달여서 사용한다.

Point
• 편육을 삶을 때 된장을 풀어 사용하면 잡내가 없어진다.

편육 위에 대추, 은행, 실파 올리기

랩으로 모양 잡기

Parboiled

Steamed Octopus and Seaweed

산사를 곁들인 문어다시마회

 재 료

문어 1마리, 다시마 100g, 양파 1/4개, 당근 1/4개, 산사 40g, 마늘 5개, 생강 2쪽
초고추장 : 고추장 1/2컵, 물엿 1/4컵, 설탕 1/4컵, 식초 1/2컵

 조 리 방 법

1. 문어의 내장을 빼내고 소금과 밀가루로 주물러 깨끗이 씻는다.
2. 양파는 채 썰고 마늘과 생강은 편으로 썬다.
3. 문어와 다시마는 산사 우린 물에 양파, 마늘, 생강을 넣고 끓인 뒤 소금을 넣어
   살짝 데쳐낸다.
4. 문어의 다리 끝은 모양을 살려 자른다.
5. 다리의 굵은 부분을 2cm 높이로 자르고 다시마를 이쑤시개로 펼친 뒤 문어를
   끼운다.
6. 접시에 문어, 다시마를 담아낸다.
7. 초고추장을 곁들인다.
※ 산사는 물에 1시간 정도 우려낸다.

Point

- 문어는 잠깐 익혀야 부드럽고 연하다.

문어 썰기

이쑤시개로 다시마 펼치기

다시마에 문어 끼우기

홍어어시육

 재 료

홍어 1마리, 셀러리 1대, 통마늘 1통, 짚 적당량
고추장소스 : 고추장 1/2컵, 식초 1/2컵, 설탕 1/4컵, 물엿 1/4컵, 사과즙 1큰술, 배즙 1큰술, 오렌지즙 1큰술, 파인애플 1큰술, 칠리파우더 1큰술, 양파즙 1큰술, 다진 마늘 1큰술, 생강즙 1/2큰술
고명 : 달걀 1개, 홍고추 1개, 실파 1줄

 조 리 방 법

1. 홍어 목뼈부분에 칼집을 내어 검은 껍질을 벗기고 내장을 빼낸 다음 깨끗이 씻어 물기를 닦은 후 큼직하게 토막낸다.
2. 짚은 깨끗하고 잘 마른 것으로 골라 씻은 뒤 물기를 없앤다.
3. 찜통에 짚을 한 켜 깔고 홍어 토막을 가지런히 얹은 다음 파, 마늘, 향신채를 고루 뿌리고 그 위를 짚으로 다시 덮은 후 센 불에서 찐다.
4. 잘 쪄지면 채반에 꺼내 식힌 후 향신채는 건어낸다. 셀러리는 길이 10cm, 사방 0.5cm로 썬다.
5. 통마늘을 반으로 갈라 팬에 간장을 약간 두르고 마늘의 단면을 색나게 살짝 굽는다.
6. 접시에 셀러리를 깔고 홍어, 구운 마늘을 조화롭게 담은 뒤 홍고추, 황 · 백지단, 실파를 고명으로 올린다.
7. 초고추장을 만들어 곁들여낸다.

 Point

• 홍어는 작은 것으로 고른다.

홍어 목뼈를 중심으로 자르기

토막낸 홍어를 찜솥에 찌기

Fresh Abalone with Lycium

구기자를 가미한 전복육회

 재 료

전복 200g, 다시마 50g, 마 100g, 홍고추 1개, 풋고추 1개, 마늘 3개
구기자 초고추장 : 고추장 3큰술, 구기자분말 1큰술, 설탕 1큰술, 물엿 1½큰술, 식초 4큰술,
생강즙 1/2큰술

 조 리 방 법

1. 활전복은 솔로 이끼를 제거하고 깨끗이 씻은 다음 끓는 소금물에 전복을 껍질째
   살짝 데친 뒤 내장을 떼어내고 씻는다.
2. 다시마는 4cm×4cm로 썰고 홍고추, 풋고추는 어슷썰고, 마늘은 편으로 썬다.
3. 마는 깨끗이 씻어 껍질을 벗긴 후 길이 5cm, 사방 0.5cm로 썬다.
4. 전복 껍데기에 다시마, 홍고추, 풋고추, 마늘을 담고 전복살을 담는다.
5. 접시에 마, 전복회를 보기 좋게 담는다.
6. 구기자분말을 넣고 초고추장을 만들어 곁들여낸다.

Point

• 숟가락으로 전복의 앞쪽부터
  떼어낸다.

전복 데치기

Deep-fried Dish

Deep Fried Bean Curd Sandwich

두부소박이튀김

 재 료

두부 1모, 표고버섯 5개, 단호박 1/6개, 튀김옷 1컵, 밀가루 1/3컵, 얼음물 1컵,
물엿 · 소금 · 깨소금 · 후춧가루 약간씩, 식용유 적당량
소스 : 간장 2큰술, 물 2큰술, 물엿 1큰술, 전분 1/2작은술

 조 리 방 법

1. 두부는 4cm×4cm×0.3cm 정도로 썬다.
2. 소금을 뿌려둔 뒤 수분을 제거한다.
3. 싱싱한 표고버섯을 행주로 잘 닦은 뒤에 채 썬다.
4. 팬에 기름을 두르고 표고를 볶다가 소금, 물엿, 후춧가루, 깨소금을 넣고 간을 한다.
5. 밀가루는 얼음물로 반죽하고 소금으로 간을 맞춰 튀김옷을 만든다.
6. 두부 위에 준비한 표고버섯을 넣고 또 하나의 두부로 덮은 다음 튀김옷을 입혀 180℃에서 튀긴다.
7. 튀겨진 두부소박이는 대각선으로 잘라 이등분한다.
8. 단호박은 길이로 삼각지게 썬 뒤 살짝 찐다.
9. 소스는 분량대로 섞은 뒤 살짝 끓인다.
10. 접시에 두부소박이를 담고 단호박으로 장식한다.

두부 썰기

표고버섯 속 넣기

튀기기(180℃)

Deep Fried Burdock with Glutinous Powder

찹쌀우엉튀김

재 료

우엉 500g, 찹쌀가루 100g, 계핏가루 10g, 물 1/4컵, 빵가루 100g, 땅콩분태 100g, 청·홍고추 1개, 식용유 적당량

곁들임채소 : 상추 5장, 양파 1/4개, 깻잎 3장, 무순 약간, 흰깨 약간, 검은깨 약간

간장소스 : 간장 1큰술, 꿀 1큰술, 전분 1큰술, 물 3큰술

조 리 방 법

1. 우엉은 껍질을 벗겨 10cm 정도로 잘라 끓는 물에 소금을 넣고 30분간 삶는다.
2. 상추와 깻잎은 폭 1cm로 채 썰고 양파는 곱게 채 썬다. 여기에 무순을 더하여 찬물에 잠깐 담근 뒤 물기를 제거하여 흰깨와 검은깨를 뿌려둔다.
3. 청·홍고추는 마름모 썰기한다.
4. 간장소스는 분량대로 넣고 농도가 생길 때까지 잠깐 끓인다.
5. 볼에 찹쌀가루, 계핏가루, 물을 넣고 잘 섞어 반죽한다.
6. 빵가루와 땅콩분태를 각각 준비한다.
7. 삶은 우엉에 반죽옷을 입힌 후 빵가루를 꼭꼭 눌러 입히고 땅콩분태를 묻힌다.
8. 180℃에 튀겨 기름을 빼고 어슷하게 자른 면에 마름모 썰기한 청·홍고추로 고명을 올린다.
9. 접시에 튀긴 우엉을 보기 좋게 돌려 담고 채소를 곁들인 뒤 간장소스로 마무리한다.

찹쌀가루에 계핏가루를 넣어 반죽하기

우엉에 튀김옷 입히기

빵가루와 땅콩분태 입히기

180℃ 기름에서 튀기기

Sweet Pumpkin and
Sesame Leaf Roll

단호박깻잎말이튀김

재 료

단호박 1/2개, 깻잎 4묶음, 수삼 3뿌리, 대추채 50g, 호박씨 50g, 해바라기씨 50g
튀김옷 : 밀가루 1/3컵, 튀김가루 1컵, 얼음물 1컵, 소금 약간, 식용유 적당량
매실간장소스 : 간장 1/4컵, 매실청 1/4컵, 청주 2큰술, 대파 1/2대, 마늘 3개, 건고추 1개

조 리 방 법

1. 단호박은 껍질과 속을 제거하고 익혀서 곱게 으깬다.
2. 수삼은 길이대로 채 썬다.
3. 대추는 돌려 까서 씨를 제거한 뒤 채 썬다.
4. 볼에 단호박, 수삼, 대추, 견과류를 혼합한다.
5. 밀가루와 얼음물을 가볍게 섞어 튀김옷을 만든다.
6. 김발에 깻잎을 깔고 그 위에 혼합한 속을 적당히 올려 김밥 말듯이 말아준다.
7. 튀김옷에 묻힌 후 튀겨서 먹기 좋은 크기로 자른다.
8. 매실간장소스는 살짝 끓인다.
9. 접시에 단호박깻잎말이를 담고 가볍게 소스를 뿌린다.

※ 견과류는 오븐에 구워서 사용한다.

재료 준비

깻잎에 단호박, 수삼, 견과류
를 넣고 말기

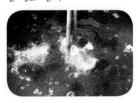

튀기기(170~180℃)

Deep-fried Chili and Shrimp

고추속대하튀김

 재 료

대하 7개, 청주 1큰술, 소금 약간, 흰 후춧가루 약간, 고추 7개, 스파게티 10g, 실파 3줄, 감자전분 약간, 식용유 적당량
튀김옷 : 튀김가루 100g, 전분 1큰술, 얼음물 1/2컵, 치자가루 약간
무소스 : 무 100g, 배 50g, 물 1/2컵, 2배식초 2큰술, 간장 2큰술, 참치액간장 1큰술, 올리고당 1큰술, 흰 후춧가루 약간

 조 리 방 법

1. 대하는 내장을 제거한 뒤 머리와 꼬리를 남기고 껍질만 벗긴다.
2. 물 주머니와 입 부분을 자른 뒤 배에 칼집을 3~4번 정도 넣어 청주, 소금, 흰 후춧가루를 뿌려 밑간해 둔다.
3. 고추를 새우 길이에 맞춰 양 끝을 자른 다음 속을 갈라 씨를 제거한다.
4. 스파게티면은 끓는 물에 살짝 데쳐서 준비한다.
5. 대하에 감자전분을 고루 묻힌다.
6. 고추에 새우 머리가 반쯤 들어가도록 새우를 끼워 등을 펴준다.
7. 스파게티면으로 돌돌 만 다음 감자전분을 뿌려둔다.
8. 튀김옷을 준비하여 살짝만 입힌다.
9. 무소스는 분량의 재료를 넣고 갈아서 사용하고 실파를 송송 썰어 넣는다.
10. 새우에 튀김옷을 입혀 170~180℃의 기름에 2~3분간 노릇하게 튀겨서 준비한다.
11. 접시에 새우튀김을 담고 무소스를 곁들여낸다.

대하의 머리와 꼬리만 남기고 껍질 벗기기

고추 속에 대하 박기

튀기기(180℃)

Others

Fried Crispy Rice Bruschetta

누룽지브루스케타

 재료

찹쌀 2컵, 가지 2개, 호박 2개, 무순 30g, 래디시 3알, 블랙올리브 10알, 죽염 2큰술, 화이트와인비니거 4큰술, 올리브오일 1컵, 해바라기씨오일 1.8리터

 조리방법

1. 찹쌀은 씻어 밥을 지은 다음 한 수저씩 떠서 기름 없는 팬에 놓고 약한 불에서 말리듯 구워준다.
2. 호박은 1cm 굵기로 썰어 끓는 물에 데친 다음 햇볕에 반만 말려서 죽염 1큰술, 화이트와인비니거 2큰술, 올리브오일 1/2컵에 절여준다.
3. 가지는 반으로 갈라 얇게 어슷썰기하여 끓는 물에 데친 다음 햇볕에 말려 죽염 1큰술, 화이트와인비니거 2큰술, 올리브오일 1/2컵에 절여준다.
4. 래디시, 블랙올리브는 모양대로 썰어준다.
5. 190℃의 해바라기씨오일에 말린 찹쌀누룽지를 튀겨준다.
6. 누룽지 위에 무순, 절인 가지, 절인 호박, 래디시, 올리브 순으로 올려 완성한다.

쌀을 팬에 놓고 말리듯 굽기

오일을 넣고 찹쌀누룽지 튀기기

누룽지 위에 절인 호박 래디시와 올리브 올리기

Pork Shabu with Ginger and Mandarine Sauce

생강, 감귤소스와 돼지앞다리살 냉샤브

 재 료

돼지고기 앞다리살 250g, 양배추잎 4장, 깻잎 2묶음, 새우젓 1/2큰술, 생강술 1큰술, 소금 약간
소스 : 간장 1큰술, 감귤즙(감귤주스) 3큰술, 생강즙 1큰술, 레몬 1/2개, 설탕 1큰술, 실파 3줄,
다진 마늘 1/2큰술, 고운 고춧가루 1/2작은술

 조 리 방 법

1. 돼지고기 앞다리살은 0.1~0.2cm 두께로 준비한다.
2. 양배추잎은 끓는 소금물에 살짝 데쳐 채 썬다.
3. 데친 물에 새우젓, 생강술을 넣고 끓으면 앞다리살을 몇 장씩 나누어 넣고 데친 뒤 물기를 제거한다.
4. 깻잎은 채 썰어 찬물에 잠깐 담갔다가 체에 밭쳐 물기를 제거한다.
5. 소스는 밀감, 레몬, 생강을 각각 즙을 낸 뒤 재료 분량대로 넣고 잘 섞은 뒤에 실파를 송송 썰어 넣는다.
6. 완성 접시에 앞다리살, 양배추, 깻잎을 각각 산으로 모아 담아내고 소스를 곁들인다.

생강, 감귤소스 만들기

Beef Jerky

Beef Jerky with Wine

와인 먹은 육포

 재료

쇠고기(우둔이나 홍두깨) 3kg(기름 떼고 핏물 빠지면 약 2.6kg), 청주 적당량
육포양념 : 간장 1⅔컵, 와인 1/2컵, 설탕 4큰술, 꿀 5큰술, 통후추 1큰술, 생강 1톨, 청양고추 1개
고명 : 도라지정과

 조리방법

1. 쇠고기 손질하기

① 쇠고기를 0.5cm 두께로 썬다.
② 가장자리에 붙은 기름이나 하얀 막, 힘줄을 떼어낸다.
③ 청주에 약간의 물을 타서 끓여 식힌 뒤에 쇠고기를 얼른 헹구어 채반에 건져 핏물이 완전히 빠지도록 둔다.

2. 양념장 만들기

① 냄비에 분량의 양념과 생강편, 청양고추를 썰어 씨를 제거하여 넣고 끓인다.
② 끓기 시작하면 약한 불로 줄여 5분 정도 끓인 다음 체에 밭친다.

3. 양념하기

식힌 장물에 핏물을 뺀 육포감을 하나씩 넣어 양념을 적신 다음 모두 합하여 장물이 고루 배도록 주무른다.

4. 말리기

① 넓은 채반에 고기를 판판히 늘려 잘 펴서 바람이 잘 통하고 볕이 있는 곳에 널어 말린다.
② 3시간 후쯤 윗물이 마르면 뒤집어 넌다. 도중에 고기가 완전히 말라 모양이 틀어지기 전에 축축할 때 뒤집으면서 매만져 모양을 반듯하게 바로잡아 간추린 뒤 무거운 것을 올려 평평하게 한다.

5. 고명 올리기

도라지정과 p.135 참조

※ 청주물은 살짝 끓여 알코올을 증발시키고 식혀서 사용한다.

Rice Cake

Sweet Pumpkin and Sweet Potato
Gyeongdan

단호박고구마경단

재료

단호박 1/4개, 밤고구마 1개, 생크림 1큰술, 유자청 1큰술, 소금 1/2작은술
고명 : 대추 2개, 미나리 1줄, 잣가루 1/2컵
오미자소스 : 오미자즙 1/4컵, 레몬즙 1큰술, 꿀 2큰술, 소금 약간

조리방법

1. 단호박과 밤고구마는 껍질을 벗겨 찜통에 찐 후 체에 내린다. 볼에 생크림, 유자청, 소금을 넣고 혼합하여 밤톨크기로 예쁘게 빚는다.
2. 잣가루를 묻힌다.
3. 대추는 돌려 까서 씨를 제거한 뒤 속에 미나리를 넣고 돌돌 말아 0.2cm 두께로 썬다.
4. 소스는 분량대로 잘 섞는다.
5. 접시에 경단을 담고 대추 고명을 올린다.
6. 오미자소스를 곁들인다.
※ 오미자즙은 오미자 1/4컵에 생수 1/2컵을 넣고 4시간 정도 우려낸다.

단호박, 밤고구마 찌기

체에 내리기

잣가루 묻히기

Dried Persimmon
Sweet Potato
in Sticky Rice
Jeonbyeong

곶감고구마찹쌀전병

 재 료

찹쌀가루 3컵, 소금 1½작은술, 끓는 물 4큰술, 곶감 6개, 고구마 2개, 건포도 40g, 참기름 · 식용유 약간씩

 조 리 방 법

1. 찹쌀가루는 끓는 물에 익반죽한다.
2. 곶감은 반을 갈라 씨를 빼고 잘 펴서 준비한다.
3. 고구마는 익혀서 으깬 다음 랩을 펼쳐 얇게 편다.
4. 그 위에 건포도를 얹고 말아서 준비한다.
5. 팬에 식용유를 약간 두르고 찹쌀반죽을 얇게 펴서 찹쌀전병을 지진다.
6. 찹쌀전병에 곶감과 고구마, 건포도말이한 것을 올려서 말아준다.
7. 말이한 것에 참기름을 발라 윤기를 내고 썬다.
8. 접시에 예쁘게 돌려 담아낸다.

찹쌀가루 반죽하기

곶감 펴기

고구마 삶기

Floral Decorated Songpyeon

재 료

멥쌀 800g, 소금 1큰술
-멥살가루 2컵, 끓는 물 4큰술
-포도가루 1작은술, 멥쌀가루 1컵, 끓는 물 2큰술
-체리가루 1작은술, 멥쌀가루 1컵, 끓는 물 2큰술
-치자가루 1/3작은술, 멥쌀가루 2컵, 끓는 물 4큰술
-호박가루 1큰술, 멥쌀가루 2컵, 끓는 물 4~5큰술
-쑥가루 2큰술, 멥쌀가루 2컵, 끓는 물 4~5큰술
-흑임자가루 1큰술, 멥쌀가루 2컵, 끓는 물 4~5큰술
소 : 서리태 500g, 소금 적당량

 조 리 방 법

1. 쌀가루 만들기
　멥쌀은 5시간 정도 불려 소금간을 한 뒤 가루를 빻아 체에 내린다.

2. 소 만들기
　서리태는 5시간 정도 불려 살짝 데친 뒤 소금간을 하여 소를 준비한다.

3. 색깔 들이기
　① 흰색은 멥쌀가루에 끓는 물을 넣고 익반죽을 한다.
　② 포도가루, 체리가루, 치자가루는 각각 끓는 물에 풀어 색을 낸 뒤 멥쌀가루
　　에 넣고 익반죽을 한다.
　③ 호박가루, 흑임자가루, 쑥가루는 각각 멥쌀가루와 섞어서 체에 내린 뒤 익
　　반죽을 한다.

4. 성형
　① 색을 낸 각각의 반죽을 밤알 크기로 떼어 둥글게 빚은 다음 가운데 우물을
　　파서 그 속에 서리태를 소로 넣고 여물어서 예쁘게 빚는다.
　② 각각의 반죽을 얇게 밀어 몰드로 꽃을 찍어서 송편에 어울리게 장식을 한다.

5. 안쳐 찌기
　시루에 면포를 깔고 빚은 송편이 서로 닿지 않게 하여 놓은 뒤 10분 정도 쪄서
　불을 끄고 뜸을 들인다.

6. 쪄지면 냉수에 얼른 씻어 물기를 뺀 뒤 참기름을 발라 그릇에 담아낸다.

※ 멥쌀 800g(소두 1되)을 불려서 가루를 내면 12컵 정도가 된다.

Floral Decorated Cheese
Songpyeon

치즈꽃송편

멥쌀가루 6컵(멥쌀 400g), 소금 1/2큰술, 체리가루 1/2작은술, 백련초가루 1작은술, 파란색 천연색소 약간, 치자가루 약간, 쑥가루 1큰술, 끓는 물 각 2큰술씩

소 : 녹두고물 3컵, 모차렐라치즈 1컵, 꿀 1/2컵

조 리 방 법

1. 쌀가루 만들기

쌀을 깨끗이 씻어 일어 5시간 이상 불린 후 물기를 빼고 소금을 넣어 가루로 곱게 빻는다.

2. 소 만들기

① 녹두는 5시간 이상 불려 찜기에 40분간 찐다. 소금으로 간을 하여 방망이로 대강 으깬 후 어레미로 내려준다.

② 녹두에 치즈를 섞은 후 꿀을 넣어준다.

3. 색깔 들이기

① 쌀가루는 6등분한다. 흰색은 멥쌀가루 1컵에 끓는 물을 넣고 익반죽한다.

② 천연 파란색 색소, 체리가루, 치자가루는 각각 끓는 물에 섞은 뒤 멥쌀가루 각 1컵에 넣고 익반죽한다.

③ 백련초가루, 쑥가루는 각각 멥쌀가루 1컵에 섞어서 체에 내린 뒤 익반죽한다.

4. 송편 빚기

① 각각의 반죽을 밤알만 한 크기로 떼어 둥글게 빚어 가운데를 파서 소를 넣고 잘 아물려 양 귀가 올라가게 빚는다.

② 색들인 반죽을 0.3cm의 작은 알로 만들어 빚은 떡 위에 꽃모양으로 붙이고 작은 꼬치로 눌러 잘 붙도록 한다.

5. 안쳐 찌기

① 찜통에 젖은 보를 깔고 안쳐 송편 위로 골고루 김이 오른 후 20분 정도 찐다.

② 다 쪄지면 꺼내어 뜨거울 때 참기름을 고루 바른다.

Glutinous
Rice Cake

쿵더쿵찹쌀떡

재 료

찹쌀가루 4컵, 딸기가루 1작은술, 녹차가루 1작은술, 물 각 1½큰술, 집청 각 1큰술, 녹말가루 적당량

팥소 : 붉은팥 1컵, 물엿 1큰술, 즙청 1큰술, 설탕 3큰술, 소금 1/2작은술

즙청 : 설탕 1/2컵, 물 1/2컵, 계피 5cm 1토막, 생강 20g

조 리 방 법

1. 팥소 만들기

① 팥은 깨끗이 씻은 후 냄비에 물을 넣고 끓어오르면 물을 따라 버린다. 팥은 물에 헹군 뒤 5배 정도의 물을 넣고 푹 삶은 다음 체에 걸러 팥앙금을 내린다.

② 냄비에 팥앙금과 양념을 넣고 조려서 식힌 다음 20g 정도로 나누어 원형으로 소를 만든다.

2. 즙청 만들기

냄비에 분량의 재료를 넣고 냄비 전체에 거품이 일어날 때까지 끓인다.

3. 색깔 들이기

① 딸기가루를 물에 섞은 뒤 찹쌀가루 2컵에 섞어 양손으로 비벼준 뒤 체에 내린다.

② 녹차가루는 찹쌀가루와 섞어 체에 내린 뒤 물로 버무려준다.

4. 안쳐 찌기

찹쌀가루는 끓는 찜솥에 면포를 깔고 각각 30분 정도 찐 뒤 5분간 뜸들인다.

5. 치기

절구(또는 볼)에 넣고 꽈리가 일도록 방망이로 쳐준다. 이때 즙청을 조금씩 흘려주며 친다. (식빵제조기 편칭부분에서 5분간 편칭해도 된다.)

6. 성형

① 도마에 랩을 깔고 즙청을 발라준 뒤 반죽을 올리고 랩을 덮어 방망이로 1cm 두께로 밀어편다.

② 사방을 5cm 정도로 자른 뒤 팥소를 넣고 오므려 둥글게 만든 다음 녹말가루를 묻힌다.

※ 즙청을 만들어 사용하면 계피향과 생강향이 은근히 풍미를 주어 좋다.

※ 즙청은 반죽의 상태에 따라 양을 조절하여 사용한다.

Point

• 팥을 삶은 첫물에는 쓴맛을 내는 사포닌성분이 들어 있으므로 팥이 끓어오르면 물만 따라내어 버린다.

봄의 왈츠 케이크

재료

백설기: 멥쌀가루 9컵, 물 10큰술, 소금 2/3큰술, 설탕 2/3컵, 3호 틀(지름 21cm), 1호 틀(지름 15cm)

감자정과(장미꽃): 감자 2개, 설탕 600g, 물엿 600g, 코치닐 1/3작은술, 치자그린 약간

절편꽃

조리방법

백설기

1. 쌀가루 만들기

멥쌀을 깨끗이 씻어 일어 5시간 이상 불린 후 건져 30분 정도 물기를 빼고 곱게 빻는다.

2. 물 내리기

쌀가루에 소금과 물을 섞어서 양손으로 잘 비벼 체에 내린 후 설탕을 넣고 고루 섞는다.

3. 안쳐 찌기

① 찜솥의 밑에 젖은 면포를 깔고 1호, 3호 틀을 각각 올린다.

② 물 내린 쌀가루를 1호 틀에는 3컵, 3호 틀에는 6컵의 쌀가루를 고루 펴서 담고 위를 편편하게 한 다음 베보자기를 덮고 김이 오른 솥에 올려서 20분 정도 찐 후 약한 불에서 5분간 뜸을 들인다.

감자정과

1. 감자는 껍질을 벗겨 반달 모양으로 자른 다음 슬라이스기를 이용하여 최대한 얇게 썬다.

2. 1시간 이상 물에 담가 전분을 제거한 뒤 물에 헹군다. 물에 코치닐가루와 치자그린가루를 각각 풀어 색을 만든 뒤 전분 제거한 감자를 넣고 색을 들인다.

3. 색이 든 감자를 뜨거운 물에서 투명해질 때까지 익힌 다음 찬물에 헹구고 물기를 제거한다.

4. 설탕과 물엿을 섞어 끓으면 바로 불을 끈다. 한 김 식힌 후 뜨거울 때 색을 들여 물기 제거한 감자를 넣고 12시간 정도 절인 다음 체에 밭친다.

5. 곱게 물든 감자정과를 한 잎, 한 잎 말고 붙여 장미꽃을 만들어 장식한다.

※ 절편꽃 색들이기 : 치즈꽃송편 p.119 조리방법 참조

※ 절편꽃 만들기 : 꽃송편 p.117의 4. 성형 ② 참조

Point

- 감자정과 만들 때 감자에 전분이 잘 빠져야 투명한 정과를 만들 수 있는데 감자가 뻣뻣하면 전분이 덜 빠진 것이다.

여름의 향연 케이크

재 료

설기떡 : 멥쌀가루 9컵, 물 10큰술, 소금 2/3큰술, 설탕 2/3컵, 파란색 천연색소 약간, 3호 사각틀, 1호 사각틀
도라지정과 : 통도라지 500g, 설탕 500g, 물엿 1/2컵, 꿀 1/2컵, 파란색 천연색소 약간
유밀과꽃 : 밀가루 200g, 소금 1/2작은술, 생강즙 1큰술, 물 6큰술, 파란색 천연색소 약간, 치자가루 약간, 체리가루 약간
즙청시럽 : 설탕 1컵, 물 1컵, 물엿 1큰술, 계핏가루 약간, 튀김기름 적당량

조 리 방 법

설기떡 : 봄의 왈츠 케이크 p.123 참조
도라지정과 : 도라지정과 p.135 참조

유밀과꽃

① 밀가루를 체에 내린다.
② 체에 내린 밀가루에, 각각의 색가루를 넣고, 물에 소금, 생강즙을 섞어 색을 들인 뒤 약간 되직하게 반죽하여 젖은 행주를 덮어 30분쯤 둔다.
③ 냄비에 분량의 설탕과 물을 넣고 중불에서 젓지 말고 끓여 즙청시럽을 만든 다. 1컵 정도로 양이 줄면 물엿을 넣고 한번 끓어오르면 불을 끄고 식혀 계 핏가루를 넣는다.
④ 반죽을 0.2cm 두께로 얇게 민다. 치자반죽은 길이 5cm, 폭 1cm 크기로 자 른 다음 바람개비를 만든다. 파란색과 분홍색 꽃은 모양틀로 찍거나 손으로 빚어 만든다.
⑤ 140℃ 정도의 튀김기름에 넣고 튀겨 망에 건져놓는다.
⑥ 기름이 빠지면 즙청시럽에 담갔다가 망에 건져 여분의 시럽이 빠지게 둔다.

케이크 완성

① 3호 설기떡 위에 1호 설기떡을 올리고 가장자리는 도라지정과로 장식한다.
② 위에는 유밀과꽃으로 장식한다.

가을의 산책 케이크

 재 료

백설기 : 멥쌀가루 9컵, 소금 2/3큰술, 물 10큰술, 설탕 2/3컵, 3호 틀, 1호 틀
감자정과(장미꽃) : 감자 2개, 설탕 600g, 물엿 600g, 치자가루 1/2작은술, 치자그린 약간

 **조 리 방 법**

※ 백설기 만드는 법 : 봄의 왈츠 케이크 p.123 조리방법 참조
※ 감자정과(장미꽃) 만드는 법 : 봄의 왈츠 케이크 p.123 조리방법 참조

눈 내리는 밤 케이크

 재 료

백설기 : 멥쌀가루 9컵, 소금 2/3큰술, 물 10큰술, 설탕 2/3컵, 3호 틀, 1호 틀
양갱 데코 : 한천 5g, 설탕 1컵, 물 2컵, 초코레진 5큰술
절편꽃

 조 리 방 법

양갱 데코

1. 한천은 불린다.
2. 끓는 물에 불린 한천을 넣고 끓인다. 한천이 모두 녹으면 설탕을 넣어 녹이고, 마지막에 초코레진을 넣어 잘 섞어서 끓인 뒤 한 김 식힌다.
3. 1호 백설기에 띠를 두르고 초코레진 양갱물을 부어 굳힌다.

케이크

1. 3호 완성 백설기 위에 데코한 1호 설기를 올리고 절편꽃, 도라지정과, 백설기 조각, 양갱으로 장식한다.

※ 백설기 만드는 법은 봄의 왈츠 케이크 p.123 참조
※ 절편꽃 만들기 : 꽃송편 p.117 4. 성형 ② 참조
※ 도라지정과 만들기 : 도라지정과 p.135 참조

Point
• 백설기를 완전히 식힌 뒤에 양갱물을 부어야 흘러내리지 않는다.

Korean Cookies

Kumquat, Tangerine Jeonggwa

금귤, 굴 정과

재 료

금귤 400g, 굴 1kg, 설탕 2컵, 물엿 6컵

조 리 방 법

1. 금귤 진정과 만드는 방법
① 칼집을 돌려가며 5군데 내어 끓는 물에 데친 뒤 물기를 제거한다.
② 데친 금귤은 금귤양의 1/2분량 되는 물엿과 설탕 2컵을 붓고 조린다.
③ 조려진 금귤은 체에 밭쳐 여분의 단물을 제거한 후 채반에서 꾸덕꾸덕 말린다.

2. 금귤 건정과 만드는 방법
① 금귤을 0.5cm 두께로 썬다.
② 금귤과 동량의 설탕을 앞뒤로 묻혀 채반에서 말린다.
③ 금귤물이 나오지 않을 때까지 설탕 묻히기를 반복하며 말린다.

3. 굴 건정과 만드는 방법
① 굴을 0.3cm 두께로 썬다.
② 넓은 냄비에 물엿과 설탕을 붓고 끓으면 굴을 넣어 살짝 조린다.
③ 조려진 굴은 채반에 널어 말린다.

과일 품은 연근정과

재료

연근 400g, 설탕 2컵, 물엿 1/2컵, 꿀 1컵, 파인애플즙 1컵,
코치닐 · 백련초가루 · 치자물 약간씩

조리방법

1. 연근은 암 연근(통통한 것)으로 준비한 다음 껍질을 벗겨 0.2cm 정도의 두께로 얇게 자른다.
2. 연근을 끓는 물에 식초를 넣고 살짝 데쳐 찬물에 헹군다.
3. 냄비에 연근, 파인애플즙, 치자물, 설탕, 소금을 넣고 중불에서 조린다. 끓기 시작하면 물엿을 넣고 투명해질 때까지 조린다.
4. 물기가 거의 없어지면 꿀을 넣고 살짝 조린 뒤 채반에 건져서 말린다.
※ 연근은 형태가 완전하고 흠집이나 상처가 없어야 한다. 얇고 가는 것보다 짧고 굵으며 도톰한 것이 맛이 좋다.

Point

• 연근은 물에 잠깐 담가 쓴맛과 떫은맛을 우려내어 사용한다.

도라지정과

재 료

통도라지(껍질 벗긴 것) 1kg, 설탕 1kg, 물엿 1컵, 꿀 1컵
코치닐 약간, 백련초가루 1/3작은술, 치자가루 1/4작은술, 치자그린 약간, 커피 1작은술

조 리 방 법

1. 도라지 손질
　도라지를 깨끗이 씻어 칼로 껍질을 돌려가며 벗긴다.

2. 도라지 삶기
　껍질 벗긴 도라지에 물을 자작하게 붓고 중불에서 삶아 끓기 시작하면 불을 약
　하게 하여 5분 정도 삶는다.

3. 조리기
　① 그릇에 물엿 먼저 넣고 설탕을 넣은 후 그 위에 도라지를 얌전히 얹는다.
　　 (머리와 꼬리가 어긋나게 포갠다.)
　② 도라지가 잠길 정도의 물을 붓는다.
　③ 중불에서 끓여 끓기 시작하면 1시간 정도 조리다 불을 끄고 식힌 다음, 2~3
　　 시간 후 다시 불을 켜고 1시간 정도 더 조리고 꿀을 넣어 연한 갈색이 될 때
　　 상태를 보면서 불을 끈다.

4. 말리기
　① 물이 흥건하게 있을 때 채반에 건져 시럽을 뺀다.
　② 편평한 채반에 널어서 꾸덕꾸덕하게 건조시킨 후 설탕을 묻힌다.
※ 도라지 물들이기는 각각의 색깔을 약간의 물에 풀어 조리기과정에서 넣고 조린다.

Dong Quai Jeonggwa

당귀정과

 재 료

당귀 9뿌리, 설탕 4컵, 꿀 1.5L

 조 리 방 법

1. 당귀 손질
당귀를 여러 번 씻어 칼끝으로 껍질을 벗긴다. 잔뿌리도 조심하며 살살 벗겨
준다.

2. 당귀 삶기
① 손질한 당귀는 물에 헹군 후 바닥이 두꺼운 솥에 넣고 당귀가 잠길 정도의
물을 붓고 삶는다.
② 당귀의 굵은 뿌리가 손으로 눌렀을 때 물렁할 정도로 삶는다.
③ 당귀가 다 삶아지면 체에 당귀를 건져내고 당귀 물은 다른 그릇에 옮긴다.

3. 조리기
삶은 당귀를 바닥이 두꺼운 솥에 담고 분량의 설탕과 꿀을 넣고 당귀 삶은 물을
자작하게 부은 뒤 은근한 불에서 조린다. (커피색보다 연한 색이 되면 불을
끈다.)

4. 말리기
① 체에 내려 여분의 단물을 제거한 뒤 채반에 널어 말린다.
② 속까지 다 마르면 설탕을 골고루 묻힌다.

오미자쌀강정

재료

멥쌀 1½컵(튀긴 쌀 5컵), 소금물(소금 1/2큰술, 물 3컵)
시럽 : 설탕 3/4컵, 물엿 1/2컵
오미자시럽 : 오미자청 1큰술, 시럽 1컵
고명 : 비트정과, 석이버섯

조리방법

1. 쌀 말리기

① 쌀을 깨끗이 씻어 1시간 이상 불린 후 4배의 물을 붓고 쌀알을 반으로 갈라 보아 심이 없어질 때까지 삶는다. 지은 밥은 맑은 물이 나올 때까지 헹군다.

② 마지막 헹군 물에 소금을 간간하게 풀어 밥알을 넣고 잠깐 담가 간이 배게 두었다 건져 물기를 빼서 발 또는 채반에 망사를 씌워 밥알을 얇게 펴서 말린다.

③ 말리는 도중에 밥알이 뭉치지 않게 손으로 비벼 떼주고, 마르면 밀대로 밀어 하나하나 떨어지게 한다.

2. 튀기기

바짝 말린 밥알을 망에 넣어 190~200℃의 기름에 튀겨 키친타월에 밭쳐 기름기를 뺀다.

3. 시럽

냄비에 설탕과 물엿을 넣고 약한 불에서 끓인다.

4. 버무리기

① 팬에 시럽과 오미자청을 넣고 끓으면 튀긴 쌀을 넣고 한 덩어리가 될 때까지 버무린다.

② 강정틀에 비닐을 깔고 기름을 바른 뒤 버무린 오미자쌀강정을 붓고 밀대로 밀어서 네모나게 썬다.

5. 고명

오미자쌀강정에 비트정과, 석이버섯을 올린다.

※ 말린 쌀 1컵을 튀기면 5컵 정도 나온다.

※ 비트정과 : 도라지정과(p.135의 조리방법) 참조

> **Point**
>
> • 겨울철에는 끓는 물에 시럽 냄비를 중탕하여 굳지 않게 하여 사용한다.

오색쌀강정

재료

백년초강정 : 튀긴 쌀 5컵, 백년초가루 1작은술, 대추채 2큰술, 시럽 1컵
쑥강정 : 튀긴 쌀 5컵, 쑥가루 1작은술, 다진 호박씨 1/4컵, 시럽 1컵
유자강정 : 튀긴 쌀 5컵, 치자물 1작은술, 유자절임 1큰술, 시럽 1컵
숯강정 : 튀긴 쌀 5컵, 숯가루 1작은술, 시럽 1컵
대추강정 : 튀긴 쌀 5컵, 대추채 4큰술, 시럽 1컵
시럽 : 물엿 6컵, 설탕 5컵, 물 1/4컵

조리방법

1. 백년초강정
① 팬에 시럽과 백년초가루를 넣고 끓으면 튀긴 쌀, 대추채를 넣고 한 덩어리가 될 때까지 버무린다.
② 강정틀에 비닐을 깔고 기름을 바른 뒤 버무린 백년초강정을 쏟아붓고 밀대로 밀어 식으면 네모지게 썬다.

2. 쑥강정
① 팬에 시럽과 쑥가루를 넣고 끓으면 튀긴 쌀, 다진 호박씨를 넣고 한 덩어리가 될 때까지 버무린다.
② 강정틀에 비닐을 깔고 기름을 바른 뒤 버무린 쑥강정을 쏟아붓고 밀대로 밀어 식으면 네모지게 썬다.

3. 유자강정
① 팬에 시럽과 치자물을 넣고 끓으면 튀긴 쌀, 다진 유자절임을 넣고 한 덩어리가 될 때까지 버무린다.
② 강정틀에 비닐을 깔고 기름을 바른 뒤 버무린 유자강정을 쏟아붓고 밀대로 밀어 식으면 네모지게 썬다.

4. 숯강정
① 팬에 시럽과 숯가루를 넣고 끓으면 튀긴 쌀을 넣고 한 덩어리가 될 때까지 버무린다.
② 강정틀에 비닐을 깔고 기름을 바른 뒤 버무린 숯강정을 쏟아붓고 밀대로 밀어 식으면 네모지게 썬다.

5. 대추채강정
① 팬에 시럽이 끓으면 튀긴 쌀, 대추채를 넣고 한 덩어리가 될 때까지 버무린다.
② 강정틀에 비닐을 깔고 기름을 바른 뒤 버무린 대추채강정을 쏟아붓고 밀대로 밀어 식으면 네모지게 썬다.

※ 튀긴 쌀 만드는 법, 시럽 만드는 법은 오미자쌀강정(p.139의 조리방법) 참조.

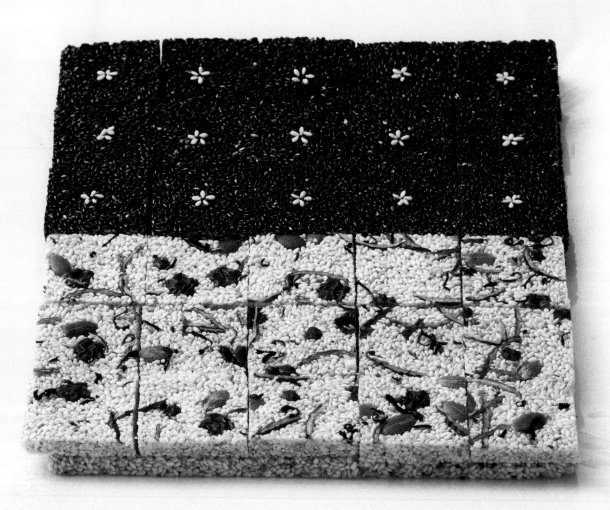

깨엿강정

재료

흰깨 2½컵, 검은깨 2½컵
고명 : 대추채 약간, 대추꽃 약간, 석이버섯채 약간, 호박씨 3큰술
시럽 : 설탕 1/2컵, 물엿 1/4컵

조리방법

1. 깨 손질하기
   ① 검은깨는 씻어 일어서 체에 밭쳐 물기를 뺀 후 마른 팬에 볶는다. 깨가 탁탁
      소리를 내면서 튀고 손으로 비벼보아 쉽게 부서지면 잘 볶아진 상태다.
   ② 참깨는 찬물에 1시간 이상 불려 양파망에 넣고 문질러 껍질을 벗겨서 건진
      뒤 물기가 빠지면 마른 팬에서 노릇하게 볶아 체에서 까불어준다 .

2. 고명 만들기
   ① 대추는 얇게 포를 떠서 채를 썰고, 돌돌 말아 꽃을 각각 준비한다.
   ② 석이버섯은 이끼를 제거한 뒤에 채 썬다.

3. 시럽 만들기
   냄비에 설탕, 물엿을 넣고 약한 불에서 끓인다.

4. 버무리기
• 흰깨 강정
   ① 팬에 시럽 6큰술을 넣고 끓인 뒤 흰깨를 넣는다.
   ② 주걱으로 잘 저어주고 한데 뭉쳐지면 강정틀에 대추채, 대추꽃, 석이버섯
      채, 호박씨를 올리고 그 위에 깨를 올려 밀대로 민 후 식기 전에 자른다.

• 검은깨 강정
   ① 팬에 시럽 5큰술을 넣고 끓인 뒤 검은깨를 넣는다.
   ② 주걱으로 잘 저어주고 한데 뭉쳐지면 강정틀에 대추채, 대추꽃, 석이버섯
      채, 호박씨를 올리고 그 위에 깨를 올려 밀대로 민 후 식기 전에 자른다.
      (주걱으로 잘 저어 뭉쳐지면 강정틀에 붓고 밀대로 밀어 식기 전에 자른다.)

※ 볶은 깨 1컵에 시럽 3~4큰술의 비율로 버무린다.

Black Bean Gangjeong

콩강정

재료

쥐눈이콩강정 : 쥐눈이콩 1컵, 시럽 2큰술, 대추 5개
땅콩모자이크강정 : (땅콩 1컵, 시럽 4T), (호박씨 1/2컵+청태가루 1큰술, 시럽 2큰술), (자색고구마가루, 시럽 3큰술), (들깨 1/4컵, 시럽 1큰술)
검은깨모자이크강정 : (검은깨 1컵, 시럽 3큰술), (땅콩 1/2컵, 시럽 2큰술)
호박씨모자이크강정 : (호박씨 1컵+청태가루 2큰술, 시럽 4큰술), (흰깨 1컵+체리가루 1큰술, 시럽 3큰술), 흰깨 약간, 검은깨 약간)
※ 19cm×15cm×0.5cm, 두께 1cm 강정틀 사용

조리방법

1. 쥐눈이콩강정 만드는 방법
① 콩을 씻어 일어 물기를 말린 후 팬에 볶는다.
② 팬에 시럽을 넣고 끓으면 볶아진 콩을 넣고 잘 저은 후 한데 어우러지면 작은 수저로 조금씩 떼어 포도모양을 만들고 꼭지는 대추로 장식한다.

2. 땅콩모자이크강정 만드는 방법
① 들깨, 자색고구마가루, 호박씨에는 청태가루를 섞어 각각 준비한다.
② 팬에 시럽을 넣고 끓인 뒤 각각의 재료를 넣고 실이 보일 때까지 버무린다. 기름 바른 비닐 위에 강정틀을 올려놓고 쏟아 밀대로 밀어 사방 1cm, 길이 15cm의 막대강정 3가지를 각각 만든다.
③ 땅콩강정은 위와 같은 방법으로 15cm×10cm×0.5cm 정도로 만든다.
④ 김발에 랩을 깔고 땅콩강정을 올린 뒤 들깨, 자색고구마가루, 호박씨 막대강정 3가지를 가지런히 놓은 뒤 땅콩강정으로 말아주고 여분은 칼로 잘라낸다. 김발로 각이 나게 꼭꼭 만져준 뒤 굳기 전에 0.5cm 두께로 썬다.

3. 검은깨모자이크강정 만드는 방법
① 땅콩은 다진 다음 15cm×3cm×1cm 크기의 막대로 땅콩강정을 만든다.
② 검은깨강정은 15cm×10cm×0.5cm 정도로 만든다.
③ 검은깨강정 위에 막대땅콩강정을 놓고 말아준 뒤 0.5cm 두께로 썬다.

4. 호박씨모자이크강정 만드는 방법
① 흰깨는 시럽에 버무린 뒤 둥글리고 늘리면서 지름 0.5cm, 길이 15cm의 원기둥 1개를 만들어 검은깨를 묻힌다.
② 시럽에 체리가루를 넣고 색을 낸 뒤 흰깨를 넣어 붉은색 흰깨강정을 같은 크기의 원기둥 7개를 만든 뒤 각각 검은깨를 묻힌다.
③ 호박씨강정은 15cm×10cm×0.5cm 정도로 만든 다음 흰색강정의 원기둥을 중심에 놓고 흰깨체리강정을 둘러놓아 호박씨강정으로 말아준 다음 0.5cm 두께로 썬다.

※ 각각의 모자이크강정 만드는 법은 '2. 땅콩모자이크강정 만드는 방법' 참조
※ 시럽 만들기 : 깨엿강정(p. 143의 조리방법) 참조

Point
• 비닐에 기름칠을 하여 사용하면 강정이 붙지 않는다.
• 말이 할 때 강정이 굳어 잘 말아지지 않을 때는 팬에서 데운 뒤 누글누글해졌을 때 말아준다.

Baked Walnut Gangjeong

오븐에서 나온 호두강정

 재 료

호두 15개, 물엿 1/2컵, 설탕 1/2컵, 소금 약간

 조 리 방 법

1. 호두는 1/2쪽의 모양이 온전한 것을 준비한다. 호두를 뜨거운 물에 2~3번 씻어 아린 맛을 빼준다.
2. 냄비에 물엿, 설탕을 넣고 끓으면 호두를 넣고 갈색이 날 때까지 조린 뒤 채반 에 널어 시럽을 뺀다.
3. 160℃ 오븐에서 10분 정도 굽는다.

Point

- 호두는 뜨거운 물에 담근 후 사용해야 호두 껍질의 아린 맛이 제거된다.

Baked Yakgwa

오븐에 구운 약과

재료

중력분 400g, 참기름 7½큰술, 소금 1작은술, 생강가루 약간, 후춧가루 약간
설탕시럽 : 설탕 1컵, 물 1컵, 물엿 1/2큰술
반죽용 시럽 : 설탕시럽 7큰술, 막걸리 7큰술
즙청시럽 : 조청 5컵, 물 1컵, 생강가루 약간
고명 : 땅콩 약간, 크랜베리 약간, 무화과조림 약간

조리방법

1. 밀가루 체에 내리기
밀가루에 소금, 후춧가루, 생강가루, 참기름을 넣고 양손으로 고루 비벼 체에 내린다.

2. 즙청시럽 만들기
냄비에 쌀조청과 물, 생강가루를 넣고 중불에서 한 번 끓어오르면 불을 끈다.

3. 설탕시럽 만들기
냄비에 설탕과 물을 넣고 중불에서 젓지 말고 잔거품이 생길 때까지 끓인다. 시럽의 농도가 되었으면 물엿을 넣고 한번 끓어오르면 불을 끈다.

4. 반죽용 시럽 만들기
식힌 설탕시럽에 막걸리를 섞는다.

5. 밀가루 반죽하기
① 참기름 먹인 가루에 반죽용 시럽을 넣고 고무주걱으로 가만히 섞어 살살 반죽한다.
② 마른 가루가 보이지 않게 되면 한 덩어리를 만든다.
③ 반죽을 반으로 나눈 다음 겹쳐 놓고 손바닥으로 눌러 다시 한 덩어리가 되게 한다. 이 과정은 2~3차례 반복한다.

6. 성형
① 반죽을 두께 0.7cm 되게 밀어준다. 사방 4cm×4cm로 썰고, 열십자로 만들어 칼집을 넣고 머리와 팔을 만든 뒤 다리 한 개를 덧붙여 사람모양 모양 틀로 오려, 원형, 사각, 하트를 찍어 만든다. (원형, 사각, 하트는 고명을 올리기 위해 두께 0.2cm 정도 도려낸다.)
② 일부의 반죽은 15cm×10cm×0.5cm로 밀어준 뒤 반죽 위에 무화과조림을 얇게 펴발라 말아준 다음 0.5cm 폭으로 썬다.

7. 튀기기, 굽기
① 1차 110℃ 기름에 넣어 위로 떠올라 켜가 일어나도록 튀긴다.
② 2차 160℃의 오븐에 50분간 구워서 익히고 갈색을 낸다.

8. 즙청
① 즙청시럽은 분량대로 넣고 중불에서 부르르 끓으면 약불에서 5분 정도 끓여 식힌다.
② 오븐에서 나온 약과를 즙청액에 30분 정도 담갔다가 건져 망에 밭쳐 여분의 시럽을 뺀다.

9. 고명 올리기
땅콩, 크랜베리는 다져서 3 : 1의 비율로 섞어서 하트, 사각, 원형 모양의 약과에 올려준다.

Point

• 반죽을 반으로 나누어 겹쳐 놓기를 2~3회 반복하는 것과 1차 튀기는 것은 저온(110~120℃)에서 튀겨야 켜를 잘 살릴 수 있다.

오븐에 구운 찹쌀병과

 재료

건찹쌀가루 240g, 물 400g, 설탕 200g, 팥앙금 2kg(또는 삶은 팥 1kg), 달걀 노른자 5개
고명 : 해바라기씨 적당량, 아몬드 슬라이스 적당량

 조리방법

1. 속이 깊은 팬에 물과 약간의 소금을 넣고 끓어오르면 설탕을 넣는다.
2. 설탕이 어느 정도 녹으면 찹쌀가루를 넣고 주걱으로 저어준다.
3. 찹쌀가루가 어느 정도 뭉쳐지면 팬에서 꺼내 앙금과 달걀 노른자를 섞어 한 덩어리로 반죽한다. (이때 다진 견과류 등을 넣어도 좋다.)
4. 오븐 팬에 호일을 깔고 기름을 바른 후 손에 물을 묻혀가며 동글납작한 모양으로 만들어 위에 고명을 묻힌 후 팬에 담는다.
5. 상 180℃, 하 150℃에서 20분 정도 굽는다.

※ 찹쌀가루에 단호박가루를 첨가할 경우 : 단호박가루 2큰술, 물 50g을 추가하고 팥앙금은 녹두고물 1kg과 흰 앙금 1kg을 합해서 사용한다.

Point
· 반죽이 질기 때문에 성형할 때 손에 묻혀 하면 수월하다.

Rice Paper Chips

쌀부각

재료

월남쌈 10장, 치자 물들인 쌀 1작은술, 체리 물들인 쌀 1작은술
노란색 : 치자 1개, 물 1컵
분홍색 : 체리가루 1작은술, 물 1컵

조리방법

1. 쌀을 치자물, 체리물에 각각 담가서 노란색, 분홍색으로 색을 들인 뒤 바짝 말린다.
2. 월남쌈을 적당한 크기로 잘라 치자물과 체리물에 각각 담근 뒤 쟁반에 펼쳐서 물들인 말린 쌀을 붙여 2~3일 정도 말린다.
3. 160℃ 기름에서 튀긴다.

Point

• 쟁반에 기름을 살작 바른 뒤 물들인 월남쌈을 펼쳐서 말리면 떼어내기 좋다.

Pray for Mother Cookie

어머니의 기원

▨ 저자 소개

최진흔
(주)아트쿡 대표
유한대학교 식품영양학과 교수

이은미
한빛요리전문학교장

이인숙
중부여성발전센터 조리과 강사

김용중
라마다서울호텔 조리이사

이은영
가래원 떡방 대표

임미선
동심결 대표

김복순
용인요리학원장

김현주
월드요리학원장

박보석
국가공인조리기능장

배은자
국가공인조리기능장

송기환
베네치아웨딩 조리부장

송민빈
메리골드호텔 조리부장

신금례
호반요리학원장

안현숙
건강찬 대표

양규동
진주비빔밥 전수보조자

오나라
다인요리학원장

오영길
웨스턴베니비스 조리이사

왕철주
그랜드컨벤션센터 조리이사

윤광수
한국음식관광협회 이사

윤미자
충북요리학원장

이지현
위덕대학교 교수

이춘복
히든베이호텔 총조리이사

이현우
상암DMC타워웨딩홀 조리부장

전미향
국가공인조리기능장

정 임
한주직업전문학교장(요리, 제과, 커피)

조영희
바이오전통음식연구소 소장

조재호
파티모아출장뷔페 대표

차 원
국가공인조리기능장

한상우
그랜드컨벤션센터 조리차장

홍명희
수원전통학원장

저자와의
합의하에
인지첩부
생략

한식퓨전요리

2015년 9월 20일 초판 1쇄 발행
2017년 1월 10일 초판 2쇄 발행

지은이 최진흔 · 이은미 · 이인숙 · 김용중 · 이은영 · 임미선
　　　　 김복순 · 김현주 · 박보석 · 배은자 · 송기환 · 송민빈
　　　　 신금례 · 안현숙 · 양규동 · 오나라 · 오영길 · 왕철주
　　　　 윤광수 · 윤미자 · 이지현 · 이춘복 · 이현우 · 전미향
　　　　 정　임 · 조영희 · 조재호 · 차　원 · 한상우 · 홍명희
펴낸이 진욱상
펴낸곳 백산출판사
사　진 정희원
교　정 성인숙
본문디자인 강정자
표지디자인 오정은

등교록 1974년 1월 9일 제1-72호
주교소 경기도 파주시 회동길 370(백산빌딩 3층)
전교화 02-914-1621(代)
팩교스 031-955-9911
이메일 edit@ibaeksan.kr
홈페이지 www.ibaeksan.kr

ISBN 979-11-5763-097-4
값 16,000원